原発事故と小さな命

福島浜通りの犬・猫救済活動

吉田美恵子
Yoshida Mieko

コールサック社

吉田美惠子『原発事故と小さな命——福島浜通りの犬・猫救済活動』

目次

第一章　原発事故と小さな命――福島浜通りの犬・猫救済活動

第二章　原発神話と浪江町請戸地区の悲劇

原発事故と小さな命
――福島浜通りの犬・猫救済活動

第一章　原発事故と小さな命

――福島浜通りの犬・猫救済活動

詩「遺言（被災地の牛）」　みうらひろこ〈浪江町の詩人〉

——二〇一五年に発表された詩集『渚の午後』より引用

おメエは知《し》んにと思うけど
俺たちの他になあ
人間という生き物がいてなあ
干し草くれたり
水をたっぷりこの桶に満してくれたもんだ
一日の仕事が終ると
ほらそこの浅い流れの中で
俺たちの身体を洗ってくれ
ピカピカに黒光りさせた俺たちを
みんなで自慢し合っていたもんさ

あんときの人間の手の感触ったら
気持ちいいもんだったなあ
もう人間達は戻って来ねえのかなあ

おメエ人間なんて見たことねえべ
ホオーイ、ホオーイという声
ヨオーシ、ヨオーシという声
聴いたことねえべ
ある日突然地面が大きく揺れて
それから人間達が消えてしまったあと
オメエが産まれてきたんだもんな
ホラ、この耳の黄色いタグ*
これは俺達が人間に飼われていたという
証拠のしるしなんだよ
オメエら若いもんには何も付いてねえべ

野ら牛と呼ばれているらしいぞ

たまに白い格好した人間が車に乗って
このあたり素通りしてゆくけど
あんな様子してなかったよ
あの頃の人間というもんは
一体どこさ行っちまったもんだか大挙して

いいか俺がオメエに教え込んだこと
食べられる草と食ってはなんねえ草
これだけはよーく守れよ覚えておけよ
そして生き延びて生き延びて
子や孫増やしていけ
俺達の遺伝子がどうなってゆくか
放射能を浴びた牛たちの末路をみて
いつか人間達の役に立つかもしれん

なんだって？
世話にもなった事がねえ人間に
エサもらったこともねえ人間に
なして役に立たねばなんねんだって？

いいか俺はもうじき立っていらねなくなる
そしたら草や水のあるところまで
歩いて行くことも出来なくなる
その時はオサラバっていう事なんだよ
オイ、若いの、つべこべ言ってねえで
とにかく生きてゆけ、生き延びてくれ

＊原発避難地方の牛達は放れ牛となり野生化、牛舎で餓死、安楽死。
この外に豚、ダチョウ、犬、猫なども犠牲になった。

一、地震・津波・原発過酷事故

東京電力福島第一原発事故では63京ベクレルもの放射性物質が大気中に放出され、陸と海を放射線で汚した。IAEAの国際事象で原発の過酷事故であるレベル7が出て、住民には即刻避難指示が出されたが、弱い立場の人たちや病院に入院中の人や、介護施設に入っていた高齢者の避難は困難を極めた。原発近くにあった介護施設では避難にあたり、長時間、外に置かれたり、また、長距離移動のため必要な医療看護をしてもらえず、多くの入所者や入院患者さんが短時間の内に亡くなった。

私の知人の母は、南相馬市原町区の病院で乳がんの手術を受けた。が、その数日後に原発事故が起こり、原町地区も避難市町村になり、病院も次々に閉鎖された。知人の母も手術後で、安静にしていなければならないのに、その病院が閉じることになり、退所を余儀なくされた。そして娘さんがいる千葉県の病院に入院したが、手術後の移動で心身ともに悪化して、とうとう亡くなられてしまった。病気だった人、生活するのに不自由だった人により多くの困難が襲った。東京電力は放射能で死んだ人はいないと言っていたが、一般の人でも避難や、狭い仮設住宅の新しい環境での生活で体調を壊し、具合が悪くなったり持病が悪化したり等の原発事故由来の関連死でなくなった人は、２０１９年現在、福島県で2，２７２人もいる。人間も原発事故で多くの恐怖・苦しみを味わい、避難を余儀なくされ、原発の半径20キロ圏外の30キロ圏内外で避難しなかった人たち、避難できなかった人たちは不安、放射能の恐怖、汚染された陸・海のことなどで多くの苦しみを味わった。ところが人間よりも弱い動物たちの運命は悲惨を極めていた。

私は東日本大震災前から、猫を何匹も飼っていて、家猫、外猫ともに世話をしていた。猫は子猫をたくさん産んですぐ増えるので、家に食べに来た猫たちを捕まえて、避妊手術をして、子供を産まなくさせて、一生涯一匹の猫として食べさせていた。外にいる猫たちには自宅周りでえさを食べさせていたが、２０１０年頃、猫たちにえさをあげられなくなる時が来るのではないかと、漠然とした不安がよぎった。

前の大きな地震の塩屋埼沖地震から70年以上も経っていて、いつ、大地震が襲って来るかという恐怖が、常に頭にあったからだ。原発事故の後、あの不安は原発事故が起こることを虫が知らせたとでもいう予感だったのだ。

２０１１年3月11日の午後2時46分、突然、太平洋の沖の方からどどどーと大きな音がした。とっさに地震と思った。音の大きさから大きな地震だとわかった。すぐ大きな揺れが襲ってその揺れは30秒ぐらい続いた。その後、一瞬揺れが収まり静かになった。ところが、その次にまた大きな揺れが始まった。揺れは時間が経つにつれて大きくなり、自宅が壊れるかと大きな恐怖に襲われた。揺れは強く鍵をかけていた玄関の戸が縦方向に30センチも開いていた。居間にいた私は何もできなくてただ地震が収まるのを待っていた。2回目の強い揺れは2～3分ぐらい続いた長さだったように覚えている。長く続く大きな揺れ。後でこの地震の強さはモーメントマグニチュード9・0と発表された。その地震の後は、大津波が襲ってきた。津波から逃げられなかったたくさんの人達が犠牲になった。津波からの避難を呼びかけていた警察官、消防士、消防団員、役場職員、新聞記者などが避難誘導中に、津波の犠牲になった。

津波は海岸から四キロほど離れている小高駅まできた。常磐線の線路が津波の流れを止めたが、駅付近の土中に埋まっていた管を通して津波の黒い水が小高駅を取り囲む所に流れて来た。近所の人が、「海の方から次々に人が来るんだよ、どうしてだろうな」と話していた。その人達は津波被害に会った人たちだった。地震の揺れで送電線は途切れ一般家庭も停電となった。3月11日の夜は懐中電灯の明かりで眠りについた。翌朝3月12日早朝、実家がある小高区井田川とその隣の浦尻あたりから聞こえてくる何機ものヘリコプターの音で目が覚めた。ただ事ではないと直感した。小高区の浦尻・井田川・角部内《つのべうち》・村上・塚原など海に近かった集落は津波によって壊滅的被害を受け家々が流されていた。ヘリコプターはその状況を確認していた。そして逃げ遅れた人も、津波の犠牲になっていた。

これら海ぎりぎりの土地にあった集落は明治・大正期に人口増に備えるため、海の真近まで開墾・干拓をして田畑を作っていた。日本は遅れてやって来た帝国主義をとって、英・仏のように侵略戦争によって領土拡大を狙っていた。そのために兵士が必要で産めよ、増やせよ政策を採っていた。小高区井田川地区、浦尻地区も含め、戦時中以前から、帝国主義政権の政策のもと、侵略戦争をするために男子を兵士として取り上げようと、人口増に備えて農地を増やしていた。相馬郡でも地元の議員であった太田秋之助の主導のもと、海岸すぐの所を干拓して水田にしようと計画し、募集に応募した人たちによって干拓が行われ水田が造られた。そして苦労して干拓し水田に作り上げ、米作りをしていた。その間には地主と小作農の労働争議も起こり、井田川・浦尻を干拓してコメ作りをした初代・2代目の人達の苦労は大きいものだった。戦後はＧＨＱの農地改革で不在地主はいなくなり、農地は農民の所有となり、3代目、4代目として米作りに励んできた。そういう3代目、4代目の人達の上に大地震と大津波が襲い苦労して一生懸命生きてきた人たちが、津波の犠牲になってしまった。

私は日本政府が地震・津波に備えることなく大津波が襲った海の近くまでも干拓して農地にする政策に根本的な問題があったと考えている。そして地元の新聞社に電話して「政策で干拓した農地とそこで苦労して生活していた干拓した人の子孫である3代目、4代目の人達が、津波の犠牲になった。こんな理不尽なことはない。このいきさつを記事にして読者に教えて下さい」とお願いしたら、「小高区井田川だけでなく南相馬市鹿島地区の烏《からす》地区、海老地区、右田浜地区など海に近い集落はみな同じ政策によってできたのです」と教えられてびっくりした。日本は戦争中、必ず負ける戦争を仕掛けて、資源不足から武器開発などできなくて、その代わりに男子を兵隊として使おうという政策だったので、一夫婦に最低6人の子供を作りなさいと奨励していた。こういう事情から人口増に備えるために農地を必要としていて、海ぎりぎりのところまでも干拓・開墾して田んぼにし、食料増産していた。私達1950年代生まれの人達が知人、友人、同級生に10人兄弟がいたのを見ていた最後の年代である。戦争中は10人兄弟も珍しくなかった。男子を兵士として取り上げるため、産めよ増やせよ政策を採り、農地には適さない場所も農地にした。

その海ぎりぎりの所に住んでいた人達が地震・津波の犠牲になった。農地を作るための干拓事業で苦労をして田んぼを作り、やっと人並みの生活ができるという時に、津波に襲われて犠牲になった。

東日本大震災と原発事故で人間も犠牲になり大きな被害が出たが、人間よりも弱い立場の動物たちの運命はもっと悲惨だった。原発事故で原発から半径20キロ圏内（直径40キロ）は避難指示が出て、人間はすぐいなくなった。南相馬市小高区では3月12日夕方6時頃避難指示が出て、人がいなくなったので周りは死の町になった。住民は東電から原発は安全だと言い聞かされて来たので、逃げる術を持っていなく、また避難訓練もしていなく、原発から半径20キロ圏内（直径40キロ）は全員避難と指示されて混乱があった。人間だけ逃げるのに精一杯で動物たちのことまで頭が回らなかった。

当時、私は12匹の猫を飼っていたので、すぐに避難はできなかった。避妊手術済みの外猫にもえさをあげていたので世話していた猫はもっといた。避難指示が出て無人の死の町になった小高区を考えていたら教会幼稚園に3匹のリスがいたと思い出した。行ってみるとリスたちは何事もなかったように口をもぐもぐしていた。すぐにえさを与え水も替えてきた。リスの世話には4～5回行った。ある時、リスたちはいなくなっていた。死んだのなら遺骸があるのだけれど、3匹いないのは園長先生が来られて3匹を保護したと信じている。また、自宅近くの懇意にしている家の前を通ったら、入口の透明ガラスから飼い猫1匹が外を見ていた。びっくりして入れるところがないか探したらあったので、そこから入って3kgのえさを袋ごと置いてきた。水は室内にタンクがあって飲んでみたら水だったので洗面器に移して飲ませた。後でその家の人は誰が入って猫にえさと水をあげたのかと不思議がっていたが、私が猫の世話をしていたと言ったら納得してくれた。

私も誰もいない死の町になった小高区にいるのが苦しくなって、3月13日、一度は捕まえられた12匹の猫のうち6匹を連れて南相馬市鹿島区の万葉会館に避難した。6匹の猫たちにケージが一つあったのでケージに1匹を入れ、後の5匹の猫達は洗濯ネットに入れて連れて行った。鹿島区の万葉会館に着いて人の食べる物は少しはあった。その避難所には鹿島区で津波被害にあって、家を流された方達がたくさんいたが、ここに留まっては猫の世話はできなかった。

3月14日午前11時頃に第一原発がまた水素爆発した時、「原発が爆発したので早く建物の中に入って下さい。今、入らない人はその後は入れません」というアナウンスがあり、その水素爆発は、後になって3号機であることがわかった。

万葉会館にいても猫たちにえさや水をあげられないので、ここにはいられないと3月15日、死の町であった小高区の自宅に帰って来た。近所にはまだ、避難をしていなかったご家族がいたので、その人の携帯電話で外部と連絡がとれた。3月11日の大地震で停電したので、ラジオ、電話などが使えなく、その時、私は携帯電話も持っていなかった。ご近所の方の携帯電話で外部と連絡が取れて、3月19日に市役所と自衛隊員が救出に来ることになり、それまでは水・電気がないので、カップ麺などでしのいでいた。プロパンガスが使えたのでお湯を沸かすことはできていた。

3月19日にタイベックスの白い服を着た市役所職員と迷彩服の自衛隊員が、避難を促しに自宅に来たとき、「犬・猫は避難所に連れて行かれない」と聞いて、「もうこれまで」と飼い猫12

匹を自宅に放して来た。午後3時頃、猫を置いて避難所に向かう時は、無人の死の町に猫を残して来るなんて、胸が張り裂けそうだった。同日、原町一小の体育館の避難所に着いた時、猫を自宅に置いてきたのをとんでもないことをしたと後悔した。そして翌日から自宅に行って猫を捕まえて友達に預かってもらったり、愛護団体のシェルターに預かってもらったりしていた。12匹のうち8匹は捕まえることができたが4匹は行方不明になってしまった。

原町一小の避難所には、2匹の飼い犬をケージに入れて連れて来た浪江町から避難してきたご家族もいて、いつも玄関入口の所にケージを置いていた。私もこうするべきだったと羨ましいやら、後悔やらの感情が湧いていた。そして、翌日の20日から猫を助けに自宅へ通った。浪江町のご家族は2、3日いて浪江町の自宅に帰ったと聞いた。が、浪江町は小高区より放射線量が高かった。

3月12日から小高区内の避難する人達は、飼い犬・猫を放して逃げたので近所の今野外科医院の向かいの高架橋の下には、逃げてきた犬が10匹以上もいた。その先は行き止まりで、えさも水もない所に犬たちが集まっているのは、心痛い場面だった。その時、「みなしご犬・猫救援隊」の人達がきて餌とバケツに水を置いてくれていて、その犬たちは1週間位見たが、ある時、皆いなくなっていた。多分、みなしご救援隊の人達が助けてくれたのだろうと思っている。

私も3月20日から、半径20キロ（直径40キロ）圏内が立ち入り禁止になる4月22日までは隔日に、小高の自宅に行って放してきた猫たちを保護していた。また、その行き帰り途中で見かけた猫を保護して、友人に預かってもらっていた。4月21日深夜までは自由に立ち入りできた。私の小高の友人は、猫を16匹室内飼いしていて小高の自宅から遠い所に避難していたが、時々帰ってきては、えさや水をあげていたようだ。4月21日、娘さんと一緒に洗濯ネット16枚を持って来て、自宅に置いていた猫を保護しに来た。その猫たちは民間のシェルターやボランティアの預かりの人達に引き取られた。友人が4月21日までは立ち入りできるという情報を持っていたのには、感心した。正しい情報を持っていたから、的確な行動が出来、飼い猫16匹を救助することができた。避難所でもらえる新聞で「小高区も半径20キロ圏内に入るから警戒区域（立ち入り禁止）になる」と知った。人間は出しても動物は置いて行けと、言われていたから、見殺しにすることは目に見えていた。

私も4月21日、出入りできる最後の日の深夜0時まで、犬・猫たちを保護しに小高区を走っていた。明日、22日から立ち入り禁止になるので、取り残された動物たちはどうなるのだろうと心配で胸が張り裂けそうだった。

道路は全部立入禁止になった（太田康之さん提供）

二、南相馬市が警戒区域になりバリケードが築かれた

（２０１１年４月22日～２０１２年４月16日）

２０１１年４月22日から警戒区域が設定され、原発から半径20キロ（以下直径40キロと表示）には道という道にバリケードが置かれ立ち入りができなくなった。犬・猫を助けに行きたいのに、道路という道路は皆バリケードが築かれ、道が閉ざされ途方にくれた。同時に直径40キロ圏内には飼い犬・猫を残してきた人がたくさんいると思い、南相馬市役所前で段ボールに犬・猫を残してきた人はいませんかと書いて、首から吊るして自分の電話番号を公開して、飼い主の情報収集を始めた。

地方紙にも取り上げて貰い、それから電話がたくさんかかってきた。電話の件数は80数件にもなり小高区が約60件、双葉郡が20数件だった。市役所の前で飼い主の情報を収集して、その日に集まった飼い主さん達の名前を市役所の係の人に持って行ったが興味もなさそうだ。双葉郡の飼い主情報は東京方面から来てくれていた愛護関係者に託して、私は小高区の60件を見ることにした。

原発過酷事故が起きてしまい、直径40キロの警戒区域は人間が誰もいない死の町になった。

が、動物たちのことは福島県の食品生活衛生課が、担当することになっていた。そこに電話して「猫を置いてきてしまった」と話しても、その課は被害者から話を聞いて「犬ですか？　猫ですか？」と情報は集めるが、実際に救助する課ではなかった。

南相馬市役所の前で犬・猫を連れ出せなかった飼い主さんの情報を集めて、市役所の災害担当の人に持って行っても何の反応もなく、助けには行ってくれなかった。

そこで小高区の犬・猫の飼い主さん7～8人に連絡して、大勢で市役所の災害対策課に行って犬・猫救済をお願いしたが、対応してくれた職員は何も言わず、ただ黙っているだけだった。たくさんの人を集めるのは労の多い事だが、なんとかして取り残されている犬・猫を助けたいの一心からだった。

市役所の前で段ボールに犬・猫救済を書いて首から提げて、来る人たちに見て貰っていた。市役所には当時の民主党や自民党の国会議員が多数やって来て、民主党の議員達は、私のプラカードを見て「ご苦労さん」と声をかけてくれていた。

が、自民党の国会議員は、地位の高い議員も私を忌み嫌うように見て、避けるようにして市役所の中に入って行った。その時、自民党の原子力政策の失敗が原発事故に現れているので、動物のことをやっている人なんかに構っていられないというのだと感じていた。

また、相双保健所の犬・猫担当の人の所にも、飼い主さんの名簿を持って行き、ここに犬・

猫が残されているので救出して下さいと、頼んだが知らんぷりだ。それどころか係員の一人が「取り残された犬・猫のことで全国から助けろという抗議の電話がかかってきて仕事にならない」など私に関係のない事までしゃべっていた。

また、別の保健所職員は犬・猫救済を必死に頼む私を、目の前でせせら笑うようだった。

4月22日からは「立ち入り許可証」がないと警戒区域には入れなくなっていたので、県の食品生活衛生課、南相馬市役所、相双保健所など行政が、先頭に立って助けて貰いたかったのだが、行政は動いてはくれなかった。

バリケードが置かれた2011年7月頃、相双保健所の人と警戒区域になった小高区大井あたりで出会った。その時、一匹の犬を保護していたので「犬を助けて下さい」と言った時、自分の飼い犬だったら助けると言うので、とっさに私の飼い犬ですと答えたら、じゃあ、その犬はオスかメスかのどちらかと聞かれた。答えられないでいた所、飼い犬じゃないと助けないと言われ、行ってしまった。その保護した犬を放っておくわけにはいかなくて、たまたま東京から来ていた愛護関係の人に電話してその犬を助けて貰った。

原発から直径40キロ圏は立ち入り禁止区域になり、圏内に通じる道は全部バリケードが築かれて中に入ることはできない。半径20キロは直径40キロで、北は南相馬市小高区の全部と原町区の一部、南は楢葉町まで入っている広大な範囲だ。普段から小高区から楢葉町までは遠いと感じていた。その40キロに通じる道は全部バリケードがあった。

そこに入るには40キロ圏内の市町村が発行した「公益立ち入り証」が必要だが、どうやってもらえるかわからない。でも、中に入って犬・猫を助けなければならない。そうなるとバリケードを越えて、中に入る以外の方法はなかった。動物愛護関係の人達は広い40キロ圏でそれぞれ入るところがあった。私達は原町区から入った。

原発事故被災地の主要道路は、太平洋岸を走る国道6号線しかなかった。常磐道は工事中で、肝心の富岡・浪江間は不通で使えない。その主要道路の6号線が、南の楢葉町と北の南相馬市原町区のレストラン「はなぞの」の所で通行止めになり、通れない。東京方面から来る人たちは常磐道も使えず、替りに遠回りの宇都宮経由の東北道で二本松市まで来て、飯舘村を経て原町市まで来てくれた。車で片道5時間半はかかる。

これも原発事故なんか起こるはずがないのだから、道路などは備える必要はないとして、自民党政府が放っておいた結果だった。

直径40キロ圏の立ち入り区域に入るのは困難だった。圏内への入り口にはどの道にもバリケードが築かれ、それをよけて車で入ることはできなかった。そこで私達、動物救済グループは何人かが集まってバリケードを解いて中に入ることにした。女手だけでは歯が立たず、男性の力でバリケードを解いて、中に入ったらまたバリケードを元に戻しておいた。

ある時、原町区の八坂神社近くのバリケードから入ろうとバリケード解体をしていたら、そこで農作業をしていた男性が来て手伝って開けてくれた。そして中に入ってそれぞれの行く場所に散って行った。そこのバリケードは他のグループも使って出入りしていたようで、近所のお母さんから「ここを通るからうるさくてしょうがない」と抗議された。

私達は立ち入り禁止区域内の犬・猫救済に行くのです。と言ったら、「家でも犬を飼っているけれども、他の犬は関係ない」とけんもほろろの扱いだ。

中に入る入口は何か所かあり、その時々で「今日はどこから入ろう」と決めていた。

2011年4月22日から直径40キロ圏内は警戒区域になり、誰も入れなくなった。そして住民の一時帰宅が始まった。一時帰宅は希望する住民を募って、バスで自宅まで連れて行き2時間の滞在時間の間に、90㎝四方のポリ袋に貴重品などを持ち帰る仕組みだった。

私は小高区に取り残された犬・猫の情報を持っていたので、早く救助したくて、5月から始まった、最初の一時帰宅に申込みした。一時帰宅した時、取り残して置いてきた犬・猫は飼い主が保護して自宅に置いておいて、それを相双保健所が回収して廻る仕組みだった。

その時はコロちゃんという犬を保護して、自宅の物置に繋いでおいて相双保健所の人に回収して貰った。

コロちゃんは取り残された犬だった。飼い主が置いて行ってから、2か月以上も寂しい自宅で待ち続けていた。救助されるまで私もコロちゃんが心配で、えさと水を持って何度も行っていた。相双保健所の人に救出され、保健所から郡山市の動物病院に一時預かりして貰った。コロちゃんは飼い主から犬に必要な薬などを、投与されていなくて弱っていたそうだ。相双保健所の人からコロちゃんを預かってくれている郡山市の獣医さんに挨拶に行きなさいと言われていたが、取り残されている他の犬・猫を助けるのに精いっぱいで、郡山まではお礼に行かれない状況だった。

最初の一時帰宅の時は取り残された猫たちに給餌するのに手一杯だった。一時帰宅は避難している人が申込んで、原町地区あたりに避難している人は、原町区の馬事公苑から出発していた。一時帰宅希望者は馬事公苑の建物で、白い防護服に着かえ、頭にキャップ、靴にも放射線が付かないようキャップをつけて、完全武装でバスに乗った。そしてそのバスの内部がピンク色なのは、何か意味があるのだろうと思っていた。

2011年6月の日曜日、こっそり中に入って猫たちの保護や給餌が終わり、原町区小木迫経由でバリケードを出ようとしていた。車を走らせていたら、前方に小木迫《おぎさく》地区住民の一時帰宅の人々がいて、物々しい雰囲気で護衛の警察官の姿も見えた。「これはまずい」とその場でＵターンして、そして5～6秒走ったら今度はパトカーとばったり出会ってしまい、万事休すと目をつむってしまった。が、パトカーは通り過ぎるだけで、それは一時帰宅の住民を護衛するパトカーだった。

２０１１年5月、中部地区から来てくれた愛護団体の人達と小高区の山側地区を走っていた。鳩原小学校の裏山の上り道路を走っていた時、突然、目の前に7～8キロ位の犬が左側から現れ無人の死の世界の中で、人が恋しかったのだろう、にこにこ笑って近づいて来た。私達は車から降りてえさや水を与えそのうち愛護のお姉さんのひとりが、リードを首輪にプチンと付けて保護できた。私達はこんな可愛らしい犬を保護できた嬉しさ一杯で、その日は大喜びで帰った。保護した犬は愛護のお姉さんたちが、連れて行ってくれた。

また、同じ時期、別の愛護の人達と地元の女性とで、山側を廻っていたら地元の女性の集落である、大富地区あたりに来て「ここには犬がいるはずだ」と車を降りて、家の中に入って行った。そしたら白いゴールデンレトリバーの大きい犬が繋がれていた。

立ち入り禁止になって時間が経っているのに、なぜ今まで生きて来られたのだろうと不思議だった。この犬も愛護の人達が連れていくと車に乗せた。そして犬を保護したことと、私の携帯電話と小高の固定電話の番号を窓に張ってきたが、連絡はなかった。

また、6月頃、愛護の人と小高区の福浦地区の福浦小学校近くを走っていた。福浦小学校の隣の広い敷地は津波がれきの集積所となり、そこを通るのは心痛いことだった。

近くに元福浦駐在所があり、そこから少し離れた田んぼに、ピンクのリボンをした灰色の猫がいて、愛護の人が「猫ちゃん」と大声で呼ぶと、猫が走って来て保護できた。どの位人が恋しかったのだろうか、また飼い猫だったから人を怖がらなく、手で保護できた。その猫も愛護の人が連れて行ってくれた。

バリケードが置かれ、立ち入り禁止になってから週に一度は、中（立ち入り禁止の警戒区域）に入って犬・猫救済をやっていたから、無人の死の世界で目撃したものは一杯ある。5月、6月頃は無人で手入れもされない、田んぼや畑の草がぼうぼう伸び放題で、その高い草の根に水でもあったのだろうか？　解き放された豚が何匹も集まって何かを食べていた。

一見、のどかな風景だった。この光景は何度もみたが、しばらくして豚はいなくなった。多分、行政の手によって殺されたのだろう。小高区の山側の方では牛を何頭も見た。立ち入り禁止区域に入るには、各市町村が出す「公益立入証」があれば入れた。警戒区域内で商売などをやっている人が、申請を出すことができた。

２０１１年6月、私も大震災前、自宅で小学生に算数を教えていたので、立ち入り証の申請をして許可証をもらうことができた。

中に入る日は、小高区女場に取り残された犬のえいきち君を救助するのと、小高区での給餌が目的だった。立ち入り当日は愛護の人達と、バリケードのある検問所から堂々と入ることができた。えいきち君の家に着いた時、えいきち君は自分の所にいた。無人の死の町になってから数か月も経っているのに、どうして生き延びられたのかと感動した。すぐえさと水をやって、えいきち君は愛護団体の女の人に捕まえられて保護された。ちょうどえいきち君救助をしていた時、福浦地区の福岡・有山方面からベージュと黒の2匹の犬が走って来て、黒犬はけがをしていた。保護してやりたかった。が、2匹は私達の所に来たと思うと、用意したえさと水があってもそのまま走って女場の八木平の方へ行ってしまった。その日はえいきち君を保護してその後3～4時間私は小高区の給餌をして廻った。

２０１１年6月頃に自宅をえさ場として使わせてもらっている、小高区吉名の飼い主さんから、2匹の猫を残して来たので、保護してほしいと依頼がありさっそくその場に捕獲器を仕掛けてそれから2、3時間給餌をしてきた。その後、捕獲器の所に戻ったら猫が入っていた。

そして飼い主さんから預かった写真と見比べたら、鼻筋の特徴が似ていたので捕獲器ごと猫を持ち帰って、飼い主さんに見て貰ったら飼い主さんが手で顔を覆って泣いていた。心配していた猫が帰ってきて嬉しかったのだろう、こちらももらい泣きして「よかったね」と背中をさすっていた。

他日、もう1匹の猫も保護しようと飼い主さんとバリケードを外して入り、飼い主さん宅に行って中に入ったら、もう1匹の猫は廊下で倒れていた。猫は虫がわいていたが、足の模様から飼い猫に間違いないと言うので、庭に穴を掘って埋めて来た。その後、その家は長くえさ場として使わせて頂いた。

同じ頃、別の飼い主さんと飼い主さん自宅に残してきた猫を保護しに小高区神山地区に行った。そこには猫が何匹もいると知っていたので、給餌に行った時にはえさを置いてきていた。飼い主さんがそこで猫の名前を呼ぶと何と飼い猫が出て来た。私達が何度行っても姿を見せなかったのに、飼い主さんの声を聞いてすぐに出て来た。そして飼い主さんに保護されて帰って行った。

その隣の家にはロンちゃんという犬がいた。ロンちゃんは何度目かの私の一時帰宅で保護して相双保健所経由で県の動物保護センターに預かって貰っていた。何年かしてロンちゃんの所有権を放棄してほしいという手紙が保護センターから来た。

私も小高区の犬・猫救済で手が一杯だったので、ロンちゃんまでは手が回らない。仕方なく放棄するに押印して送ったが、その後のロンちゃんの消息は不明だ。

2018年10月の私の帰還の引っ越しの時、ロンちゃんの書類をどこにしまったのかわからなくなってしまい、ロンちゃんの消息も訊かれない状況だ。福島県の保護センターだから殺してしまった可能性が高い。

ロンちゃんの飼い主は遠くに避難し状況が変わっていて、ロンちゃんのことは飼えないと言っていた。

2011年6月の朝6時頃、愛護の人達と小高区に着いた。そしたら早朝にはいない筈の警察車両と警官が近づいて来た。まだ保護活動、給餌活動もしていないのに捕まったらバリケードを越えて来た甲斐がなくなる。若い警察官が来たので、とっさに「一時帰宅です」と答えたらその警官が見逃してくれた。一時帰宅は9時頃、馬事公苑集合だから6時頃、小高区にいるのは一時帰宅ではないのだが、私達の車に積んであるえさ等を見て、愛護の人達とわかって見逃してくれたと思っている。その日はやることを済ませ、また、バリケードから出た。

小高区が警戒区域の期間中、バリケードを外して中に入った回数は数えられない位だ。まず、中に入れただけでも幸運だ。犬・猫を助けられるから。給餌も出来たから。しかし、中を走っている時は警官に見つかってしまうとか、様々な苦労があった。乗っていた車は、急いで活動しなければならないので、前も後ろも傷だらけだった。後ろ座席を倒して、えさがたくさん積めるようにしていた。見苦しかったが、車のことなんか構っていられなかった。小高に入ったら猫たちを助けて、給餌もしててきぱき動かなければならない。そして、活動を終えてバリケードの外に出た時は、何とも言えない解放感があった。その解放感を味わいたくて、また入ってやろうと思っていた。中毒患者はこういう状況なのかなと感じた。

警察に捕まったことも数知れずだ。5月頃、保護と給餌を終えて原町区小木迫の山道を下っていた時、向かい側の高地区にいた覆面パトロールに見つかった。他の車は逃げたが、私の車は捕まり、すぐ6号線のレストラン「はなぞの」の所にある検問所に連れていかれ「顚末書《てんまつしょ》」に記名・押印させられ、そして放された。その時、通行禁止である6号線を北上する車やバスの多さにびっくりした。バスの乗客達は検問所の中で取り調べを受けている私達を見て行った。

またある時は、小高区桃内駅近くのえさ場で病気の子猫と3匹の猫を保護した。その時は警察にも捕まらず無事にバリケードを出ることが出来、すぐに原町区の獣医師の治療を受けさせた。運の悪い時もあった。犬2匹、猫2匹を保護して帰ろうとしていた時、警官に見つかってしまった。警官たちにこの犬・猫たちをバリケードの外に出させて下さいと何度頼んでも「ここに置いて行きなさい」との一点張りだ。仕方なく東京のある人に連絡して、その時は私の自宅に犬・猫を置いて、翌日東京の方から通行証を発行してもらい、東京から車で知人が来て、私の自宅に来てその犬・猫を保護することになった。その犬・猫たちは自宅の玄関に置いて窓を開けてきたのだが、飲み水が少なかったと今でも心が痛い。そのこ達は保護されて地元の保護センターに預けられた。

小高区の町中では午後3時頃、警察車両が廻ってきていた。その時間は活動をやめて警察車両が通り過ぎてから保護活動をするのだが、その日は小高駐在所あたりに車を止めて、車の後ろの後ろ扉を開けたままにしていた。そこに警官が通りかかって後ろの扉を見て、立ち去ろうとしない。隠れていた私達は見つかってしまい、「犬・猫救済をしている」と言ったら2人の警官の内の一人が「自分は田村市から来たのだが、家にも犬がいる」と言って、私達を捕まえて検問所まで連れて行き、また、顚末書を書かされた。その時は犬・猫を持っていなかったので良かった。

車で中（警戒区域）に入った時も、自転車で入った時も、徒歩で入った時も捕まった。車で行く時はバリケードを解いて入らなければならない。走っている間にも警察車両に出会ってしまい、また捕まる。何度も捕まったので福島県警の警官と顔なじみになってしまった。

車で中に入った時、小高の自宅にえさをたくさん置いて来ていてそのえさを使おうと自転車で入った時も3度あった。自転車で入る時は磐城太田のイーグル電子のバリケードから入った。

自転車で行った1回目は小高区で給餌していた時、前から警察車両がきた。まずいと思ってすぐ隠れたが、見つかってしまい、また検問所に連れて行かれ顚末書を書かされた。検問所でなじみの警官がいて「まだおめえが（また、おまえか）」となじられ、捕まえた警官がかばってくれた時もあった。

２回目は２０１２年１月30日、自転車で中に入った時は怖い思いをした。ちょうどその日は自転車でイーグル電子から入り、小高区で給餌をした。その季節は５時半頃から暗くなるので帰る時、警察に見つからなくていいかもしれないと思っていた。

帰る途中、小高区の片草地区で給餌して、そして原町区の小木迫《おぎさく》の山を通っている時は暗くなっていた。山の中なので動物や鳥の鳴く声が聞こえる。こんな暗い山の中で、動物に襲われたら命がないだろうとびくびくしながら、自転車を走らせた。

山を下りた時はほっとした。が、山を下りたら一人の男が携帯電話で話している。最初は警察官かなと思ったが、警察官なら２人でいる。一人でいるのはあやしいと怖かった。そしたらその男が「こんばんは」と言ってきたので「きゃー」と言ってしまった。

こんな無人の所で犯罪に巻き込まれたら怖いと思って、自転車を一生懸命こいで逃げた。幸い男は追ってこない。バリケードは近い。バリケードを越えた時はほっとして、そして原町区の避難している住宅に帰った。翌日、明るい時に自転車をみたらパンクしていたが、どこでパンクしたかわからない。

後日、原町区高地区《たかちく》辺りの無人の家に、泥棒が入り高価な物を盗んでいた男が捕まったと地元紙に載った。小木迫の山を下りた時に出会った男は、捕まった泥棒だと思った。高地区と小木迫は隣り合っている地区だからだ。私はその事は警察には言わなかった。なぜ、立ち入り禁止の所に入ったのかと聞かれるのが当然と思ったからだ。

その怖い思いをした後すぐの2月に、バリケードがあるイーグル電子から徒歩で入って、歩いて行けるえさ場に給餌しようと、徒歩でバリケードを越えた。午後2時頃だった。バリケード手前までは車で行って、木綿の大きめの風呂敷に2・5キロの猫えさ6袋と缶詰を包んで肩から背負い、4リットル焼酎ペットボトルに水を入れてバリケードを越えた。バリケードがある道路に入ったらすぐ右曲りになる。

その道を猫えさを背負って歩いていたら前から車が来るので、立ち入り禁止区域なのに車が来るのはおかしいな、もしかして警察車両かなと思っていたら神奈川県警の車だった。

警察官から免許証や身分証明書の提示を求められたが、徒歩で入るのだからと身分証は持って行かなかった。名前を尋ねられた時、「またこの女か」と言われるのがいやだし、福島県警でなく神奈川県警だからいいと思って偽名を言った。

そのうち神奈川県警のもう1台の車と福島県警の大きな車が来て、福島県警の警察官が10名位集まった。その中には顔見知りの警官もいたので、偽名がばれて南相馬署に連れて行かれると覚悟したが、顔見知りの警官は何も言わなかった。

そして所持品を検めるといって風呂敷に入っているものを、道路の上で広げさせられた。風呂敷の中から6袋のえさと缶詰が出て来た。集まった警察官は福島県警と神奈川県警で十四、五名いた。そして地元の男性1人が高台から私達の様子を見ていた。どのように解放されて、バリケード近くに止めて置いた自分の車に戻ったか覚えていない。その日はちょうどパトロールの時間に中に入ったのがいけなかったのだ。一日おいた次の日、今度はパトロールの時間を避けて、中に入って給餌できなかった分を置いて来た。

犬・猫救済を一生懸命やったが、救出できなかったのが多かった。2011年4月22日以降、バリケードが置かれ立ち入り禁止になった後、飼い主が放した犬が小高のあちこちにいた。私が見たのは同年5月頃、小高区岡田地区の元呉服店があった踏切の近くで20匹位の犬が迷っていた。どうしても助けたいと近づくと犬たちは逃げてしまう。力を入れて捕まえようとしてかまれたこともある。この犬たちはその後どうなったかわからない。

2011年4月から警戒区域になって出入りが出来なくなったすぐの頃、愛護の人達とその日の保護が終わって帰る時、原町区の北の方のバリケードから出ることになった。暗くなり始め小高の自宅で落ち合って、愛護の人が先頭に立って海側の津波被害地を走った。そこは道路ではないのだが、ぼこぼこしているところを大分走った。多分津波に削られた跡だろう。その途中、津波被災地で迷っていた犬がいて、私達の車を見つけて追いかけてきた。ずーと追いかけるので車を止めて愛護の人にどうするかと聞いたら「次、助けよう」という事になり、その犬を振り切ってきた。そのことに心が痛い。車を止めて助けようとしても、見知らぬ私達から逃げてしまう。えさを置いてくるとか、何かしてやればよかったと悔やまれる。双葉町は第一原発の5、6号機が立地していて、事故の後は雪のような白い物が降ってきたと地元紙で読んだ。双葉町の住民のある方は避難する時、飼い犬を自宅に置いて、飼い主は車で逃げてきたという話を聞いた。飼い犬は飼い主の車を追っていつまでもいつまでも追いかけて来たと聞いた。

2011年6月頃、小高区の山側、県道34号線（山麓線）から金房地区に入った。私は小高区の福浦地区出身なので、金房地区には土地勘がないのでどの集落あたりかは不明だが、山麓線から小高駅に行く集落の道路があった。そこは道路に沿って人家があったが、各家に繋がれていた犬が皆、死に絶えていた。たくさんの犬が繋がれたまま死んでいた。地獄のようなむごい状況だった。なぜ、放して来なかったのだろうか？

また、南相馬市市役所の玄関入口付近に犬・猫コーナーがあり「犬・猫を探しています」や「こんな犬・猫を保護しています」という情報が壁に張ってあり、テーブルの上にもあった。

そこで犬・猫の情報を集めていた時、男性が来て「飼い犬を連れて避難したが、避難の途中、田村市辺りで飼い犬を放してしまった。その犬を見かけなかったか?」と犬の写真をＡ４の用紙にたくさん作り、周りの人に呼び掛けていた。以来、市役所でその男性とは何回も出会ったがその後のことはわからない。

私が市役所の前で犬・猫救済の段ボールを掲げていた時、女性がやってきて小高区浦尻地区の山津見神社の所に、白いゴールデンレトリバー犬がいるので、助けてほしいと頼まれた。が、警戒区域になっているので自由に行けない。保護して下さいと頼める人も見つからず、そのままになった。

立ち入り禁止になって、一般の人は直径40キロ圏内には行かれなくなった。でも動物たちがたくさん取り残されている。そこで立ち入りできる工事関係者に犬・猫のえさをたくさん託して、えさをあげてもらった。工事関係者が帰ってきて話を聞くと、「えさを置くと犬・猫がたくさん集まってきて食べる」と聞いたので、心がつぶれそうになった。

原発過酷事故の後、警戒区域内の酪農家も牛を置いて避難した。小高区では山側の鳩原小学校の校庭に近所から集まった牛たちがいた。その春、生まれた子牛を含めて60頭位いて、事故後から校庭に集まり始めて生きていた。どこでえさと水を得るのかと心配していた。私は事故後、毎週警戒区域に入っていたので、毎週、牛たちを見ていて何とか生き延びてくれればいいなと願っていた。

ところが、その年、2011年11月に、警戒区域にいる牛たちを殺処分すると新聞に載った。「もしや」と不安になって次の週に鳩原小学校に行ってみたら、校庭はがらんとして牛たちの姿は見えない。行政に殺されたのだなと思った。60頭もいた牛たちをどうやって殺したのだろうか？　原発に殺された牛たちだ。行政は原発誘致をして、危険な放射線を住民や動物たちに浴びせて、そして電力会社や政府からお金をもらって住民サービスをするとしているが、はたしてそれが、住民サービスなのだろうか？

2011年8月頃、政府・行政・獣医師会などの人達が犬・猫救済に警戒区域に入って保護することになった。そのグループは高名な獣医師を先頭にして犬・猫に慣れている人たちだった。8月の暑い中、猫たちは日中、涼しい所で休んでいる。そんな中、捕獲器を使って犬・猫を保護するというのだからできるのかと危ぶんでいたところ、保護したのは数匹で成果はなかった。

この人たちは直径40キロの広い警戒区域内をドライブしていたのだろうとがっかりした。行政や獣医師の上の人達のやることは的を得ず、形ばかり犬・猫救済をやったというポーズ作りの行動だった。

警戒区域に入って犬・猫救済をしていたが、2011年10月頃から取り締まりが厳しくなり、今迄とは違うと感じた。中で警察車両と出会って、立ち入り許可証を持っていない人には厳しくてすぐに捕まった。12月頃になるとバリケードの所に大きいＵ字溝が置いてあって中に入れない。それで仕方がないので「公益立ち入り」を申請して入ることにした。自分がやっていた学習塾を使ったり商売をしていた知人に頼んで申請してもらった。

申請を出しに南相馬市役所の窓口に行くと、係の人から「市役所のここの部署の人達、皆知っている」とフロア中聞こえるように言う。中に入って犬・猫救済としているのを咎められたが、どんなことを言われても、どんな事があっても毎週、中に入って犬・猫を助けなければならないのでじっとしていた。

いつまで申請して中に入る時が続くのだろうかと心細かったが、２０１２年4月16日に原発から直径40キロ圏内の南相馬市小高区と原町区の一部に出されていた警戒区域が解除される事になった。この解除は南相馬市だけで他の市町村、浪江町や双葉町などはまだ解除されていなかった。

小高地区の飼い主さん情報は約60件集まった。その中で愛護団体などに飼い犬・飼い猫を救助してもらった人はいるが、大多数は助けられなかった。原発震災以前も、小高区にたくさんの飼い主のいない猫たちもいて、そのこ達のためにえさを届けてやりたいと考えていた。

そこで飼い主さんにお願いして、飼い主さんの家の物置、車庫、納屋などをえさ場として使わせてもらうことになった。その他にも猫を見た場所をえさ場としてえさを置いて来ていた。その頃はえさ箱が出来ていなかったので、2・5キロ、3キロ入りのえさの袋に切れ目を入れて、置いてくることぐらいしかできなかった。果たしてそのえさが猫たちに食べて貰って生きる糧になったかは不明である。

双葉町は公益立ち入りの申請が難しく却下されるケースが多かった。双葉町で商売をやっている人を頼って申請してもらっても、立ち入り証は中々、手に入れられなかった。

双葉町には第一原発の5、6号機の2つの原発があったので、原発関連のお金がたくさん入る町だった。原発の交付金等を手にして豊かな町だと思っていたが、使い方に失敗し特別交付金自治体になる一歩手前だった。

双葉町は犬・猫救済にも冷たい町だった。原発がある町でも大熊町は商売をやっている人に公益立ち入り証を出してくれるのは易しかった。それを使って警戒区域の犬・猫を助けたが、助けられなかった動物たちが多かった。

2011年10月頃、私が避難していた南相馬市原町区の借り上げ住宅の近くに大熊町の家族が避難していて、その家族の飼い犬を預かっているので一緒に届けようと愛護団体の人から誘いがあり、近所だったので犬を連れて行った。飼い主の所に戻った犬は大喜びだった。

飼い主のお父さんも喜んでいた。と、そのお父さんが私達に向かって「おめーら（当地では普通の言い方です）、東電のごとをわるぐ（悪く）言うなよ」と言って来た。

大熊町は東電の城下町として、東電からありとあらゆる事にお金を出して貰って、替りに危険な原発と共に生活してきたが、怖いと思ったことがなかったのかと疑問に思った。

南相馬市小高区と原町区の一部の警戒区域（立ち入り禁止）は２０１２年4月16日に解除され、同時に警戒区域を避難準備区域、居住制限区域、帰還困難区域の３つに分けられた。帰還困難区域には入ることができないが、避難準備区域と居住制限区域には許可証がなくても立ち入ることが出来るようになった。

今まで通り、小高区は約60か所のえさ場があったので、３班に分かれて隔週で給餌することになった。３班のうち1班は私、後の2班は東京方面や仙台方面からボランティアとして駆けつけてくれた人達だった。

南相馬市小高地区の立ち入り禁止が解除され、バリケードがなくなったが、浪江町は未だだったので浪江町に通じる道には、以前と同じようにバリケードがあった。浪江町の犬・猫たちも助けなければならない。

私は小高区で手が一杯だったので、浪江町に入ってくれるボランティアの人達の手助けをしたく、知り合いがいないか探した。浪江町は隣町だったので知り合いがいてその知り合いの内、商売をやっている人が中（警戒区域）に入る時、公益一時立ち入り許可証で一緒に連れて行ってもらうなどして、犬・猫救済の人達が入れるようにした。

2012年頃、浪江町の友人に浪江町で猫がいる所に置いて来てと、プラスチック衣装ケースにいれた猫えさ4袋を託した。友人はいつも猫を見る所に置いてきた。が、翌々日行ってみるとケースごとなくなっていたと言っていた。住民の誰かが捨てたのだが、犬・猫を含む動物たちだって無人の死の世界で生きていかなければならなかった。

浪江町役場の職員たちも、東北電力の浪江・小高原発誘致には一生懸命だったが、いざ事故が起きて犬・猫が取り残されても知らんぷりだ。取り残された犬・猫のことが心配じゃないのかと思った。

小高区でバリケードが取れて警戒区域が解除されても浪江町はまだ解除になっていなかった。そこで犬・猫を助けて下さいと、三春町に愛護施設を造ったにゃんだーガードの本多さんと、当時二本松市にあった浪江町役場を訪ねた。

担当の人に救助をお願いしても全然ダメだった。救助しない理由を訊いても答えてくれない。取り残された犬・猫なんて構っていられないという態度だった。浪江町役場には2度行って犬・猫救済をお願いしたが、無駄に終わってしまった。

警戒区域が続いていた頃、福井県から「ねこ様王国」の人達が来て、南相馬市鹿島区のポニー牧場の使っていない施設を借りて保護犬・猫シェルターを始めていた。

ねこ様の人達は警戒区域の中に入って、犬・猫を保護してきてシェルターで世話をし、ネットで里親を探して、里親さんに譲渡し、また保護してネットで里親募集をしていた。

ポニー牧場は鹿島区のはずれの山の方にあり、水道設備も十分ではない所だった。が、ねこ様の人達は不便な生活の中、警戒区域の犬・猫保護を続けてくれた。

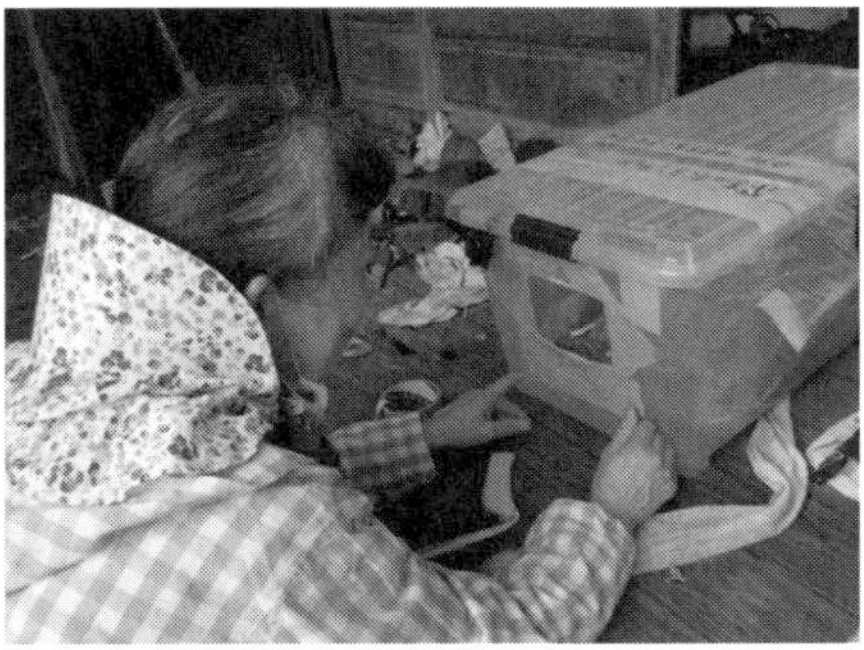

割られた餌ケースの補修

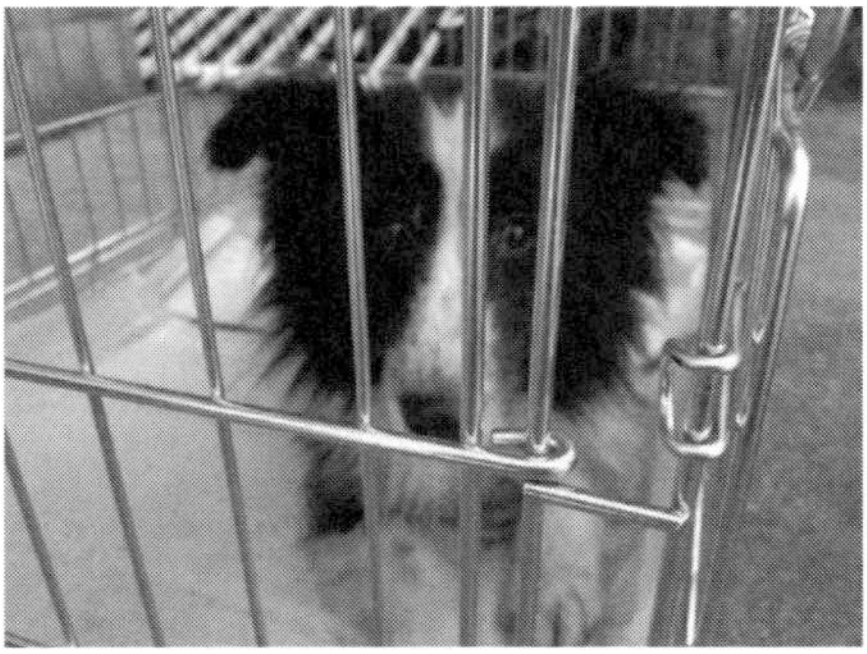

猫や犬たちを保護

三、避難所や仮設住宅での生活
（２０１１年3月〜２０１８年9月の7年半）

２０１１年3月11日に、大地震と大津波が東北地方太平洋岸を襲い、人間と動物の多数の死者と行方不明者を出した。その自然災害に加えて福島県浜通りには、双葉郡にあった第一原発が制御不能に陥り、大量の放射性物質（死の灰）を大気中にばらまいて、原発立地・周辺住民を自宅から離れさせ、避難を強いる事態を起こしていた。

この時、政府と原子力関係者はどの方向に逃げるか示さず、ただ原発から遠く離れた地域に避難しろと言うのみだ。双葉郡の住民は放射線の被曝から逃れるため、ただ遠く、遠くへと逃げた。

逃げた方向は、浜通りの浪江町と福島市を結ぶ１１４号線（福浪線）を使い、浪江町津島地区経由で、福島市方面へ逃げた人たちやまた、双葉町と郡山市を結ぶ２８８号線で郡山市へ逃げた。が、その方向は放射線を放出する時の風向きで、放射能プルーム（雲）が通った所で、高放射能汚染地域だった。

浪江町の多くの避難民は、同じ町内の津島地区にたどり着いてほっとしていた時、そこが高線量汚染地帯だとわかりパニックになって津島から離れた。文科省はＳＰＥＥＤＩを使って放射線量を計っていたが、ＳＰＥＥＤＩから得られた数値を公表すると、住民がパニックになるから発表しなかった。早くから正しい放射線数値を公表して、避難の目安にするなどは文科省の人達にはなかった。この事に関して、文科省は情報は福島県に渡したが、福島県側で適切に公表しなかった等があるが、真相はわからない。

南相馬市小高区の住民には原町区の石神小学校や石神中学校へ避難が呼び掛けられた。小高区では２０１１年3月12日の夜には人が誰もいない死の町になっていた。私は飼い猫がいたため避難が出来なかったので、まだ避難していなかった近所のご家族と肩を寄せ合ってひっそりとしていた。

3月19日に南相馬市原町区の原町第一小学校の体育館の避難所に入った。そして避難所から小高区に通って、小高の犬・猫救済をやっていた。

体育館の避難所では広い館内に数十家族が入り、避難民は何をすることなく、時間が経つのを待っている状態だった。過疎地の貧しい人たちが、自分たちには関係のない原発事故の被害者になってしまう事は、耐えられない事だった。

食事は朝、昼、夕食と支給された。市役所の職員たちが取り仕切ってくれたが、彼らもまた被害者で避難していて、不自由な境遇の中、市民の避難者に対しては献身的な働きをしてくれた。寝具なども市役所の人が運んでくれた。私が手にした敷き布団は砂があったが、避難しているのだから我慢しなければと思っていた。まもなく避難民一人に畳一畳が支給され少しは暖かく寝ることが出来るようになった。

避難している人は畳一枚と敷き布団と掛け布団が支給され、日中は敷き布団の上で生活し、寝る時は、掛け布団をかけてそのまま寝た。着替えなど持っていないので、毎日、同じ服を着て着た切りすずめだった。翌朝、起きて顔を洗って同じ服でいた。

避難所に入ってまもなくの4月頃、政治家や芸能人、著名な人が慰問に来てくれた。政治家では安倍晋三さんご一行が見えられ安倍さんが私の席の前に来て「何か足りないものはありませんか?」と訊くので「ガソリンが手に入らなくて困っています」と答えた。が、自民党の安倍さんには「自民党政府が日本では原発事故は起こらない」と進めて来た原子力政策の失敗が、私達に襲いかかったと抗議したかった。原発事故時は民主党の政権だったが、原発事故対応がうまく行かないのを自民党の人達は抗議していたが、今までのいい加減な原子力政策を棚に上げて、他人の対応がまずいと口角泡を飛ばすのは間違っていると感じた。自民党政権だったら事故対応がうまく行っていた等と信じる人はいない。

避難所では全国の食堂やレストランをやっている人たちが来て、調理をしておいしい食事を私達に提供してくれた。当時の原町第一小学校の体育館では、調理室はなく、外に高さ60㎝の水道の蛇口が2本あるだけだった。洗い場もなく、その2つの蛇口だけを使って、手の込んだおいしい食事を作るのは難しかったが、皆さん、不自由な中で調理して食べさせてくれた。

避難所には全国から支援物資が集まった。私達は着の身着のままで自宅を離れ、しかも自宅に戻ることが許されない状況だったから、何日も同じ服を見に付けていた。そのうち、下着等の身に付ける衣類なども支給され始めた。

化粧品等もメーカーが避難所に来て、テーブルを設置しその上に化粧品を並べて、必要なものをお持ち下さいと呼び掛けていた。いつも使っていた化粧品が現れたので、ほっとして全国の皆さんが私たちを心配していると感じた。

避難所では徐々に段ボールなどが持ち込まれ、他の家族との仕切として使われた。

5月の終わり頃から暑くなるので、避難所の体育館に大型で強力な冷房装置が設置された。冷房はよく効いて体育館室内は寒いくらいだった。冷房が苦手な私はあまりの寒さに、体育館の中に居ることができず日中は外にいて、夜は自分の軽自動車の中で寝た。

体育館に避難していた2011年4月頃から、仮設住宅の建設も始まった。そして、避難所は8月末に閉鎖されるというので、各々、次の住むところを自分で見つけなさいとお触れが出た。仮設住宅に申し込んで、仮設住宅に入るというご家族に、体育館の人達は「よかったね」と我がことのように喜んでいた。

体育館にはプライバシーがなかったので、仮設住宅に入ったご家族は少しはましだった。が、それまでは広い敷地と広い家に住んでいた避難民には、狭くて不自由な仮設住宅だった。体が悪かった人は、今までの家の状況とはかなり異なる仮設で、症状が悪化したり、亡くなる方が多かった。

体育館避難所は、広い体育館に50～60世帯を入れ、段ボールで仕切っていただけだったので、避難民同士の争いもあった。気にくわないとなって、常にごたごたを起こしていた隣同士の人もいた。その時はすぐ警察官がやってきて騒ぎを収める。体育館避難所の事務局員は市役所職員だったが、自らも被災して避難所勤務もやらなければならないと苦労は多かったと思った。

原町第一小学校体育館は小高区や浪江町の人が多かった。ある避難民の男性は広い体育館で、誰がお酒を飲んでいるか見渡せる。そのお酒を飲んだ人が車を運転したら、すぐ南相馬警察署に連絡して、誰々が飲酒運転をしていると告げて警官を呼んでいたので、何人もの人が捕まった。それを見て、避難所で私の友人は、ビールの缶を前においてお茶を飲んでいた。そしてすぐ外に出て車を運転したら案の定、通報を受けた南相馬署員が来て「酒、飲んでっぺ」と聞かれた。もとよりお酒は飲んでいなかったので、捕まらなかったが、避難所では度々、警察に通報する人もいた。

避難所は8月末に閉鎖されると知らされた。次の住まいは各々自分で見つけなさいという事だ。私は犬・猫救済に忙殺されて次のアパートを見つける暇もないくらいだった。その上、小高区の犬・猫を助けたいので、常に小高に入れる所はないかと思っていた。

そしたら小高の近所の人で、原町区に貸物件を持っていた人がいたので、貸して下さいとお願いした所、貸してもらえることになった。そこは平屋の一軒建てで、小高区に近くて私の願いに叶っていた。また、隣にある貸室が空いていてそこを猫の餌が全国から届くための倉庫としてしばらくの間、無料で貸して貰った。

私のような貸家は借り上げ住宅と呼ばれ、家賃は福島県が負担していた。借り上げ住宅に入った時、ほっとした。自分の家ではないから、不便なこともあったが小高に近いのが利点でその点だけで満足していた。

私や動物愛護の人達は週一回は、立ち入り禁止の警戒区域の中に入って動物救済をやっていた。犬・猫救済を無我夢中でやっていたので、小高区の自宅に行っても生活に必要なものを持ち出す余裕もなかった。生活に必要なものは、全国の皆様からいただだいた支援物資を分けてもらって足しにしていた。

市役所から支援物資をどこどこで支給すると知らせがあり、もらってきた。そして、原町区の借り上げ住宅から小高の犬・猫救済に全力を挙げていた。

2011年8月に体育館の避難所を出る時、そこで世話をしていた猫のうち、捕獲器で捕まえた2匹の猫とともに借り上げ住宅に越してきた。これら2匹の猫は、のら生活が身についていて室内飼いは苦手のようだった。

2011年8月から室内飼いして、うまくなじんでいるようだったが、男のこのあお君は2014年11月に出て行って、車に轢かれて死んでいた。もう一匹の女のこのハナちゃんは可愛らしかったが、私が玄関の戸を開けた時、飛び出してそれきり帰って来なかった。あお君とハナちゃんには室内飼いのストレスもあったのかな、もっと長生きさせてあげたかった。

支援者の皆さんから送られた餌

給餌日の前日に用意した水

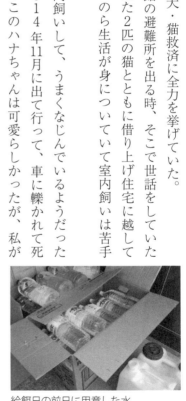

四、警戒区域が解除されバリケードがなくなった
（２０１２年４月16日から避難指示解除の２０１６年７月12日までの４年間）

２０１２年４月16日から小高区では、バリケードがなくなり自由に出入りが出来、犬・猫保護や給餌がし易くなった。もう通行証がなくても行くことができる。旧警戒区域への出入りは自由になったが、宿泊はまだ禁止だ。他の警戒区域の浪江町や富岡町などはまだバリケードがあった。

以前と同じように東京方面や仙台から給餌に来てくれる人たちとえさ場に給餌して廻った。私はシェルター運営ができず、給餌して猫達に生き延びて貰えるようなことしかできなかった。最初は猫えさを袋ごと置いてきていたが、これは猫がえさを食べるのに、効果があったかどうか不明だ。次は透明のプラスチックの物入れの両端に猫の出入り口を作り、中に袋ごとえさを置く方法にした。60か所もの飼い主さん宅のえさ場に置いた衣装箱の中に3～4袋のえさを入れるのでえさは大量に必要だった。

私は通信機器の操作が苦手だったので、えさや寄付金支援は最初の頃は支援してくれる人がブログを作ってやってくれていたが、本人が活動報告もしないでは、全国の支援者と意思疎通

ができないと、ブログを見よう見まねで覚えて発信していた。ブログのマニュアルがあれば楽に操作できたのだが、マニュアルはないそうで、苦労して自分で覚えた。そして２０１２年１月頃から自分で活動報告やえさ募集ができるようになった。

えさ箱は透明の大きいプラスチック衣装ケースえさ箱の他にも、段ボールを組み立てた段ボール食堂（段食）もえさ場に置いていた。が、プラスチックケースや段食は軟で、野生動物に壊されていた。何かいい方法はないかと思っていたが、見つからず従来の方法で給餌していた。そうこうしているうち２０１２年12月頃、三春町でシェルターを運営していたにゃんだーガードの本多明隊長が、郡山市にある郡山北工業高校に依頼して、猫のえさ箱を作ってもらっていた。そのえさ箱はえさを食べる所があって、食べた分だけ上からえさが降りてくるものだった。

えさ箱はコンパネで作られておりそれ自体が重い物だが、小高区では60か所のえさ場の内、重要なえさ場の50か所にそのえさ箱を置いた。にゃんだーからえさ箱とえさを運んでくるのに私の軽自動車に数個つけてきたり、東京からきたボランティアさんが運んでくれた。

にゃんだーガードは三春町にシェルターを構え、犬・猫救済の前線基地として全国からえさが届いていた。当方もえさがなくなった時、にゃんだーの所に行ってもらって来たが、10回位はもらってきてとても助かった。

にゃんだーえさ箱は重いのだが、えさ場に設置するとなると野生動物対策が必要だった。直径40キロ圏内は無人の死の世界だったから、ぼうぼうと背が伸びた草が、辺り一面に生い茂り、その間を野生動物が増え続けていた。イノシシの数も多くなり、もしそこに猫のえさ箱が置いてあったら、突進してえさ箱を倒してしまうようだった。

そこでえさ箱は、屋根がある物置や納屋や軒下などに置いて、柱などに針金で括り付けた。これでイノシシ対策は出来たが、えさ箱に食いに来るたぬきなどのたぬき対策として、えさ箱をビールケース2個重ねて、その上に置いたり、また、地上80〜90cm高く置いてみた。これはえさ箱の後ろに2本の板をつけて板を柱に括り付ける方法でこれでたぬき対策をした。が、取り付けるのが力仕事だったのでボランティア男性が来てくれた時にやってもらっていた。ボランティアとして来てくれた人達には感謝しかない。特に男性はちから仕事の面で助けてもらった。

猫が可愛いという一念から高く上げるえさ箱も40か所位作った。また、あるえさ場では屋根がなかった。屋根がないとえさ箱が濡れて中のえさも腐ってしまう。その場所には木があったので高くした

高くした餌箱

えさ箱を木に括り付け、屋根として波板ポリカを3方向からつけて、雨に濡れないようにした。この餌場はうまく行った。が、大雨の時はやはりえさが濡れてしまい、えさを全部取り替えたことがあった。

えさの取り換えも大仕事だった。えさは上部のふたを開けて入れる。高い所にあるえさ箱のふたを開けて中の悪くなったえさを取り出し、きれいにしてまた新しいえさを入れる。大仕事だったが、えさ場所をあきらめることができなくて、また猫たちが食べられるようにしてあげた。

波板ポリカを屋根替りにしたえさ箱は他にもあって、他の1か所はえさ箱が低い所にあったのでえさの出し入れが楽だったが、ここは高かったので餌が悪くなったときは入れ替えがしんどかった。

えさ箱にはいろいろ工夫をした。でもまだ何かが足らない。猫が食べた分だけえさ箱の中からえさが下りてくるのだが、その部分が広くて他の野生動物たちにえさを食われていた。その時、カメラマンの太田康介さんがコンパネ板を使って食べ口箱（クッチーと呼んでいた。）を工夫して作ってくれた。

クッチーはえさ箱の食べ口に付けた小箱で、猫は細長い出入り口から入ってクッチーの中で食べる。アライグマの手がえさに届かない位にしてこのクッチー箱はうまく行って、主に猫が食べられるようになった。太田さんからクッチー箱を小高区のえさ場にあるえさ箱全部に40か所以上に取り付けて貰った。野生動物が食べられなくなったので、それからえさが減るのが少しになり、給餌も楽になった。

2012年冬、東京の愛護団体の人達が国会議員経由で、環境省動物愛護管理室のT室長に警戒区域内に取り残された犬・猫救済をして下さいとお願いをすることになった。当日は参議院議員会館で、取り残してきた犬・猫が入った飼い主情報と要望書を愛護関係者の人達と共にT室長に提出し、被災地代表として富岡町の人とともに、私もT室長になんとか動いて下さいと必死になってお願いした。ところがT室長は何の言葉も発しないでただ黙っているだけだった。なにも話さないからなにもする気がないのだろうと察していたが、実際にそうだった。T室長は能面のようにしてなにもしゃべらずなにもせずだった。その後、環境省は何の行動もしなかった。遠くから上京したのだから、ご苦労さんの一言ぐらいあっても良さそうだった。

2012年4月16日に南相馬市小高区と原町区の一部に出ていた警戒区域が解除されバリケードがなくなった。これで小高に行く道にはバリケードはなく、誰でも出入りは自由になった。と、すると小高区に今まで見かけなかった犬がいるので、誰かが小高に来て犬を放していったのだというわさがあった。私達のグループも2匹保護した。1匹はしば犬でいわき市の愛護の人が犬捕獲器を持って来てくれて設置し、そして保護して自分のシェルターに連れて行ってくれた。もう1匹は耳が垂れ下がった立派な犬で、県道12号線の片草地区にいた。仲間の一人が見に行った時、元飼い犬だったのだろう手で捕まえられたので保護した。この犬は横浜市の大網直子さんの「おーあみ避難所」に引き取られ里親探ししてもらって、里親さんの所にいった。

バリケードが外され警戒区域が解除された2012年からも毎週、給餌に行っていた。今度は警察官に脅える事なく自由にのびのびと活動できた。小高区福浦地区の福岡・有山地区で給餌していた時の夕方、赤い蝶ネクタイをした黒い猫が現れた。まだ、若い猫で可愛らしかった。そのこは手で捕まえられ、ちょうどその時、おーあみ避難所のおーあみさんが来ていて、その猫を引き取り、横浜のシェルターに連れて行ってくれた。ありがたかった。

福島県は自民党の保守王国で、浜通りには東京電力の原発が10基もあり、その上、東北電力の浪江・小高原子力発電所4基も造られる予定だった。浜通りには住民を怖がらせる原発はたくさんあったが、事故が起きた時のための人間の避難計画や動物のシェルターはなかった。事故など起こるはずがないという事と、動物を助けるようなことはしないというのが、自民党政府と電力会社と福島県の方針だった。

驚いたことに、原発の近くにＰハムが養豚場を経営していて電車の窓からその広告を見て、原発の至近距離に養豚場があることをいつも疑問に思っていた。これらの豚たちは原発事故が起きたら、すぐ殺処分されたと思われる。

南相馬市に続いて順次、川内村、葛尾村なども警戒区域が解除され自由に行き来が出来るようになった。

２０１２年、神戸市にある当時のアニマルレスキューシステム基金の山崎ひろさんが、福島県白河市に月2～3回、犬・猫病院を開いて避妊手術を行うことになった。

病院の名はスペイクリニックでスペイとは避妊という意味だ。獣医師は静岡県伊豆の国市の遠藤文枝先生で、呼びかけに応じた愛護の人達が犬・猫を捕まえてきて、スペイクリニックで避妊手術を受け、もといた所に戻すＴＮＲを主におこなっていた。

ＴＮＲのＴは犬・猫を捕まえるTrapで、Ｎは中性化する、避妊手術を施すのNeutralで、Ｒは手術後、もといた所に戻すReturnだ。こうして繁殖力の強い猫を、子を産まない一生涯一匹の猫として世話して、不幸な猫を増やさないというのがＴＮＲだ。

スペイクリニックでは遠藤先生が、1日約40匹を目標に手術していただき、小高区では熱心な愛護の人（Ｙさん）が猫を捕まえてくれて、約３００匹の猫に手術して、ノミ・ダニの薬をつけて、もと居た場所に放した。

Ｙさんは隔週、スペイクリニックが開く時、東京から来て警戒区域内の猫たちを捕まえて手術して放すＴＮＲをしてくれた。猫は夜間に活動するので、捕獲器をかけるのは夜で秋から冬にかけて、日が暮れるのが早くなる。夜ひとりで出て行くＹさんは、捕獲器をかけて帰って来た時、「こわい、こわい」と言っていた。暗闇の中で一人で捕獲器をかけるのがこわかったのだ。

翌朝、Ｙさんは早い時間に出かけて捕獲器を回収して、猫が入っていれば白河市のスペイクリニックに連れて行って手術を受けさせて、ノミ・ダニの薬をつけてもらって夕方帰って来る。そしてもといた所で猫を放す。一回で約10匹も捕まえていた。Ｙさんはこの活動を数年間、地道にやって小高区だけでも３００匹、警戒区域の楢葉町、富岡町でも活動してたくさんの猫たちにＴＮＲしてやった。

Ｙさんが ＴＮＲをしていた時、小高区大井地区で３本足の猫を保護した。とらばさみにやられたのだろう。この猫はすぐにおーあみ避難所に持ち込まれ、おだへい君と呼ばれておーあみさんの所で治療してもらった。しかしおだへい君はよくならず、１か月後位に旅立ってしまった。また、おだへい君の他にも３本足のアライグマ

白河市にスペイにいくところ

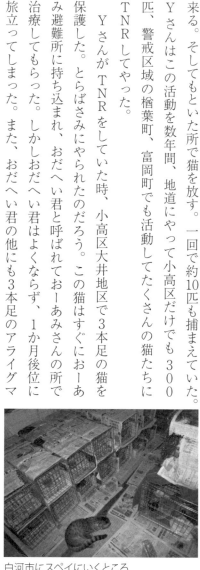

が保護され、福島県の野生動物を診る獣医師の所で診てもらった。医師は「食べてるから放してもいいでしょう」と言ったが放した後生き延びられたかは分からない。トラばさみで動物を虐める人がいるのだ。

犬のモンローちゃんはバリケードがなくなった後、飼い主が原町区の自宅につないでいた犬だ。飼い主は自宅から避難していた。２０１４年2月に大雪が降った時も私が歩いてえさをやりに行った。愛護の人達から、何度もシェルターに預けて下さいとお願いされても飼い主はそのままにしていた。モンローがいると野生動物がよりつかないと近所の人からおだてられて、モンローを自宅につないでいた。

そして愛護の人たちを頼ってえさも充分に与えずにいたのでモンローはやせて首輪がぬけ、どこかへ行ってしまった。えさを与えないなど動物虐待の飼い主である。

また、千葉県の男性は２０１３年から２０１７年冬位まで4年半も、隔週で千葉県から片道5時間半かけて原発被害地に来て、猫たちに給餌してくれた。猫たちが可愛いという一念からだ。小高区も給餌して貰っていた。千葉県の男性は原発被害地の楢葉町でえさを積んで双葉郡と小高区まで給餌していた。

私の知っている限り、原発事故被災地で動物救済をしてくれたのは、東京の愛護団体の人達、犬・猫を可愛いと思っている人たちだった。東京方面の人達は片道5時間以上もかけて双葉・

相馬に来て、犬・猫救済をやっていた。

地元では自宅を犬・猫のシェルターとして、保護して世話してくれている浪江町の赤間徹さん、浪江町の希望の牧場の吉澤正巳さん、被災牛を世話してくれた富岡町の松村直登さんなどが、力を惜しまず献身的に動物救済に尽くしてくれた。私もえさ場所のえさ箱が壊れたり汚れたりした時は、自分でえさ箱作りをしたり、洗ったえさ箱に交換したりした。えさ箱は重く野生動物に荒らされないよう頑丈にしなければならず、ちから仕事でつらかったが、猫たちのためと歯を食いしばって針金で固定したりしてえさ箱設置や修理をした。猫たちにえさを食べてもらって一日でも長く生きていて欲しかった。

私も毎週給餌の傍ら、猫を捕まえて来ては自宅で保護していた。バリケードがなくなった頃、小高の自宅近くのえさ場でシャム猫の雑種を捕まえて、借り上げ住宅で室内飼いしていた。名前はシャム君と付けたが、人になじまず、私からは逃げ回っていた。治療のため獣医師の所に行くときは大きい網で捕まえて、網に入れたままで連れていっていた。シャム君はエイズ猫で5、6年しか生きられなかった。

ジーコちゃんという猫は、借り上げ住宅の軒下に置いたえさを食べに来ていて食べられるのが嬉しかったのか大声をあげて食べていた。よく見ると、お腹が大きくて両端が三角形のように張っていてもうすぐ子供を産むと思って、捕獲器をかけて捕まえてすぐ避妊手術してもらった。術後は私の家にきて室内飼い猫になった。ジーコちゃんは室内飼いに慣れて、今も良いこでいる。

きてぃこちゃんはYさんがTNRをするために捕まえてきた猫で、2014年頃、白河市のスペイクリニックで避妊手術を受けてきて、今から元いた所に放す前に、私の所に寄った。そしてきてぃこちゃんを見たら目の片方が普通じゃないと気づいたので、私が引き取って治療を受けさせることにした。きてぃこちゃんはのら猫だったかもしれなくて抱っこされるのを嫌がった。それでも室内飼いに慣れて良いこでいた。どこも悪い所はなかったのだが、2017年頃から弱くなって週2回も獣医師の所で点滴を受けていた。が、とうとう力尽きて2018年春に亡くなった。死骸は小高自宅の庭に埋めた。

2012年4月16日以降、警戒区域が解除されバリケードがなくなったので毎週猫保護に出かけていた。5月頃、その日の活動が終わってみなし仮設に帰ろうと原町区鶴谷《つるがい》地区を走っていた。その鶴谷地区を流れる小川の鶴江川の小さな橋の所にやせた赤猫がうずくまっていた。「大変」と車を止めて、缶詰を持って近寄ったが赤猫は逃げ

きてぃこちゃん

我が家にきたシャム君

る力もないようだった。すぐつかまえてケージに入れて自宅まで運び、水や缶詰魚をあげたら少し元気になった。この赤猫は鶴谷地区の鶴江川という場所で、また近くには小鶴神社という社《やしろ》もある鶴尽くしの所で保護したのでつるちゃんと名付けた。

翌日、つるちゃんは獣医師に診てもらって、悪い所がなかったので家に入れた。私の自宅に2〜3週間いたところ、横浜市のおーあみ避難所のおーあみさんが来てつるちゃんを連れて行ってくれた。おーあみさんの所でつるちゃんは里親探しをしてもらい、都内のご夫婦にもらわれて行った。その後、つるちゃんの里親さんとは連絡取り合いしていたが、2018年初め、つるちゃんが亡くなったとの連絡があった。

ちょうど私の方も、きてぃこちゃんがなくなったので、つるちゃんもきてぃこちゃんも長生きしてくれてありがとうと感謝した。二人とも保護しなかったら、生きていられない命だったが、保護したために長く生きてくれて感謝の気持ちが湧いてきた。

2017年夏、給餌で廻っていた時、電話があって「原町区の橋本町のお墓の敷地の中で、子猫を見つけたので引き取って欲しい」と私に連絡があった。とりあえず避難先に連れてきてもらったら黄土色の子猫でにゃんにゃん鳴いている。その時、7匹いたが、引き取ることにした。名前はつらゆき君とつけた。

つらゆき君は生まれてから早い時期に、母親から引き離され捨てられた。私のところにいるつらゆき君はやわらかい布団などを見ると、母親のおっぱいと思ってふとんをもみもみしている。きっとお母さんのやわらかいおっぱいを、もみもみしながら吸うのを本能としているので柔らかい物があるとお母さんのおっぱいと思いもみもみするのだ。やわらかい布団をもみもみするつらゆき君が愛おしい。

小高区では２０１６年7月12日から避難指示が解除された。その前、２０１５年頃から準備宿泊が始まって、帰還したい人は小高区の自宅で宿泊ができるようになっていた。また、２０１５年頃から環境省が、長い間住まなくて劣化した家々を撤去する作業にとりかかっていた。

それまでは住民もいなく、えさ場所として家主さんから使ってもいいよと、お借りしていた納屋、物置、小屋に置かせてもらっていたえさ箱も無事、えさ箱として猫たちにえさを与えていた。

が、２０１６年、17年あたりから、準備宿泊が始まり、住民も帰還し、家屋の解体が始まると、えさ場所の納屋、物置なども撤去されることが多くなり、えさ場所が減っていった。えさ箱は雨に濡れると中のえさもしけってしまい、猫たちがたべられない。屋外に置くことは雨に降られるので難しかった。残念だが、その時もえさ場所を諦めざるを得なかった。

いつも給餌の時廻る山側のえさ場所に行ったら、そこの近所の人2、3人が来て、なにやら話していて、そしてそこにえさ箱を置いたらダメと言って来た。

家主さんからえさ場として使っていいと許可を得ても、帰還した近所の人がダメだといえば、そのえさ場は閉じなければならなかった。えさ場にいた猫たちには避妊手術をして食べさせていたし、たくさん猫たちがいた所は重要えさ場として、毎週給餌に行っていた。

そういうえさ場に近所の人の苦情が来て、なくなるのはとてもつらい事だった。近所の人の苦情のため、えさをあげられなくなったえさ場は何か所もあったが、残念だった。猫たち、ごめんねと謝るのみだった。こういう事情から小高区に60か所もあったえさ場がだんだん少なくなり、10か所位までに減ってしまった。それでも猫たちに一日でも長く生きてもらいたいと給餌活動をしていた。

海側の津波被災地にもえさ場所があった。住民が帰ってきたらそのえさ箱に苦情が来て、えさ場を閉じなければならなくなり、そこで食べていた3～4匹の猫を捕まえることにした。

愛護の人に来てもらい、捕獲器をかけて3匹ほど捕まえた。そのうちの1匹はなじみのサビ猫だったので私が引き取り、後の2匹はえさ場でもあった私の自宅庭に放した。1匹は今でもいるが、もう1匹は

引き取り手が決まった猫たち

どこかに行ってしまった。

猫助けをしているといろいろつらい目にあう。最もつらい事はえさ場所として使わせてもらっていた小屋や軒下などが撤去されることと近所の人の苦情だった。いずれの場合も泣く泣くえさ場を諦めた。今でもその場所を通ると心が痛む。

今でも生きて食べさせている猫たちは、えさ場が無事だったところの猫たちである。いかに人間の苦情が猫たちの生存をおびやかしてきたかの証明である。

原発事故の被害住民はそれぞれがつらい思いをして、暮らして来た。犬や猫たちも同じ原発事故の被害者だが、その苦労は人間とは比べられないくらい厳しい状況だった。人間が犬・猫も同じ被害者だからと思いやって頂きたかった。が、実際は犬・猫たちにつらく当たっていた。

草刈りをしてくださるボランティア

にゃんだーさんからもらった餌

五、避難指示が解除された

（2016年7月12日から帰還が始まる）

避難指示の解除をする日は、浜通りの原発被災の各自治体で異なっていた。南相馬市は2016年7月12日に解除した。その結果、避難指示が出ていた南相馬市小高区と原町区の一部の希望する住民は、いつでも帰還できるようになった。が、帰還する人はわずかで、帰還した人として地元紙に載るくらいまれだった。しかし、生活するためのお店がなかったりで、私はすぐには帰還できなかった。早めに帰還した人たちは小高で買い物をするのが不便だったろう。

2018年暮れに小高ストアができ、買い物もできるようになったので、私も帰ることにした。小高区の人口は大震災前は13，000人いたので、小高区内で生活に必要なものが買えていた。そのうち3，000人位が戻って生活している。帰還した住民はひっそりと生きているという感じだ。町の景色を見ると、櫛の歯が抜けたように民家がなくなって、更地となったその場所は草がぼうぼう伸びている。草ぼうぼうは小高区のほとんどで見られる。震災前は住民がいたから、自分の所だけでも草を刈っていたので草はすっきりしていた。

小高区の住民は2020年6月には3，750人となっている。日本政府や福島県庁は、原発で地域振興すると言っていたが、実際は逆で原発で地域消滅の危険性がある。

原発事故後、無人の死の世界で犬・猫救済をやってきたが、2020年の今も毎週、猫救済に行っている。犬は猫に比べて生命力が弱く、原発事故後1年位で姿を見なくなった。

2020年2月、周りに人がいなくて心配だった原町区高地区のえさ場でさびちゃんを保護して、自宅に連れてきて室内飼いしている。その他のえさ場の猫たちは周りに人がいて、給餌をお願いできるのでえさを運んだり、自分で給餌したりと活動が楽になった。

原発事故から9年間、全国の皆様からご支援を頂いて猫助けを続けることができている。しかし、猫助けはまだまだ続けたい。猫は車の音を聞き分けられる。私がえさ場に行くと車の音で近づいて来る。えさ場の猫達は9年間も世話して来たのだから、生きている限り世話するつもりだ。

動物よけ、カラス対策など工夫を凝らしたえさ箱

六、原発事故にいつまでも苦しめられる地元住民

原発過酷事故はあらゆる厄災をもたらす。事故直後、被害住民は被曝から逃れるため7、8か所を転々としていた。今まで広い敷地の広い家に住んでいた被害住民は仮設住宅やみなし借り上げ住宅の狭い住宅に押し込められた。生活環境が変わったため、体調が悪かった人は命を長らえられず他界し、元気だった人も何らかの病気に苦しんでいる。

事故直後は第一原発4号炉の使用済み核燃料プールにある1，535体の使用済み核燃料に苦しめられ、心配させられた。4号炉に不測の事態が起こったら再避難も覚悟していた。そして2013年、原発がどうなるか見通しがないのに突然2020オリンピック開催が告げられた。すぐに原発事故から国民の関心をそらすためのオリンピック招致だとわかった。原発事故被害者は生活の先が見えず苦しんでいるのに日本国民はオリンピックでまるでお祭り気分でいる。原発事故から目をそらそうという政府の思惑にやすやすとのってしまう国民だ。

オリンピック誘致でマスコミが大騒ぎしていた頃、原発被害地では汚染土壌を中間貯蔵施設に運ぶのが始まり、道路はダンプカーでいっぱいになった。車を運転する時はダンプカーに注意しなければならない。汚染土壌が一か所に集められているので放射線量が高くなりはしない

かと不安になる。

廃炉は順調には進んでいない。3号機の使用済み核燃料566体の取り出しは始まったが、何かするとすぐ機器に故障が起きて中断して予定からかなり遅れている。使用済み核燃料は死の灰のかたまりで恐ろしい物なので早く第一原発から持ち出して頂きたい。

2017年頃から第一原発に溜まり続ける汚染処理水・トリチウム汚染水をどうするかの問題が出てきた。トリチウム汚染水は2020年4月には120万トン、地上タンク1,000基にも達している。東電によれば2022年頃、タンクを造る場所がなくなり、もし海洋放出する時は準備に2年くらいかかるので、2020年夏ころまでにはどうするか決めてもらいたいとしている。汚染処理水をどうするかと経産省に小委員会が設けられ議論をしていた。2018年夏に小委員会が開いた住民の公聴会は富岡町、郡山市、東京都の3か所で住民が意見を述べたが3か所とも汚染処理水の海洋放出には反対だった。

が、2020年2月に小委員会が出した結論は海洋放出が確実に実行できるなどおかしな理由を付けて海洋放出としてしまった。小委員会の結論は住民の意見を無視し、自分たちを任命した経産省に忖度するものとなってしまった。これで資金をかけないで安く手間のかからない海洋放出をいいとしてしまった。経産省はロンドン条約を持ち出して汚染水を第一原発から海に放出するのに拘っている。汚染水は流して欲しくない。

原発過酷事故から9年も経っても住民たちは苦しめられている。海洋放出を止めようとしている市民団体は骨身を惜しまず活動している。が、市民団体の活動には光が当たらない。経産省の意向に沿って働いている経産官僚は地元の報道機関にも名が知られ福島県内の新聞には人を感動させる経産官僚などと書かれているが、海洋放出反対の住民にしてみれば心が傷つく記事である。経産官僚が福島県メディアでよく書かれ、反対している住民は報道されない。福島県内の報道機関の一つは海洋放出が安上がりでいいとする特集記事まで出す始末だ。

東電と経産省は廃炉の工程表を何度も変えて、そして廃炉はやり遂げますと言っているが本当に出来るのだろうか？　例えば3号炉の使用済み核燃料の取り出しは早く終了してもらいたいが今まで何度も失敗して取り出しを延期している。1号炉、2号炉の使用済み核燃料の取り出しもまだ始まっていない。今まで一度もやったことのない核燃料デブリの取り出し等出来るのだろうか？　この時、廃炉等賠償機構の山名元の石棺方式が頭をよぎる。原発立地・周辺地域の住民は原発事故にいつまでも悩まされるのである。

見守って食べさせてきた犬・猫たち

プリンス君

黒白君とシロちゃん

マミーちゃんの子猫たち

餌場に集まる猫たち

3 本足で見つかったおだへい君

犬のモンローちゃん

第二章　原発神話と浪江町請戸地区の悲劇

詩「神隠しされた街」　若松丈太郎〈南相馬市の詩人〉

――一九九四年に発表された連詩「かなしみの土地」より引用

四万五千の人びとが二時間のあいだに消えた
サッカーゲームが終わって競技場から立ち去った
のではない
人びとの暮らしがひとつの都市からそっくり消えたのだ
ラジオで避難警報があって
「三日分の食料を準備してください」
多くの人は三日たてば帰れると思って
ちいさな手提げ袋をもって
なかには仔猫だけをだいた老婆も
入院加療中の病人も
千百台のバスに乗って

四万五千の人びとが二時間のあいだに消えた
鬼ごっこする子どもたちの歓声が
隣人との垣根ごしのあいさつが
郵便配達夫の自転車のベル音が
ボルシチを煮るにおいが
家々の窓の夜のあかりが
人びとの暮らしが
地図のうえからプリピャチ市が消えた
チェルノブイリ事故発生四〇時間後のことである
千百台のバスに乗って
プリピャチ市民が二時間のあいだにちりぢりに
近隣三村をあわせて四万九千人が消えた
四万九千人といえば
私の住む原町市《はらまちし》の人口にひとしい
さらに
原子力発電所中心半径三〇㎞ゾーンは危険地帯とされ

十一日目の五月六日から三日のあいだに九万二千人が
あわせて約十五万人
人びとは一〇〇kmや一五〇km先の農村にちりぢりに消えた
半径三〇kmゾーンといえば
東京電力福島第一原子力発電所を中心に据えると
双葉町《ふたばまち》　大熊町《おおくままち》　富岡町《とみおかまち》
楢葉町《ならはまち》　浪江町《なみえまち》　広野町《ひろのまち》
川内村《かわうちむら》　都路村《みやこじむら》　葛尾村《かつらおむら》
小高町《おだかまち》　いわき市北部

そして私の住む原町市がふくまれる
こちらもあわせて約十五万人
私たちが消えるべき先はどこか
私たちはどこに姿を消せばいいのか
事故六年のちに避難命令が出た村さえもある
事故八年のちの旧プリピャチ市に
私たちは入った

亀裂がはいったペーヴメントの
亀裂をひろげて雑草がたけだけしい
ツバメが飛んでいる
ハトが胸をふくらませている
チョウが草花に羽をやすめている
ハエがおちつきなく動いている
蚊柱が回転している
街路樹の葉が風に身をゆだねている
それなのに
人声のしない都市
人の歩いていない都市
四万五千の人びとがかくれんぼしている都市
鬼の私は捜しまわる
幼稚園のホールに投げ捨てられた玩具
台所のこんろにかけられたシチュー鍋
オフィスの机上のひろげたままの書類

ついさっきまで人がいた気配はどこにもあるのに
日がもう暮れる
鬼の私はとほうに暮れる
友だちがみんな神隠しにあってしまって
私は広場にひとり立ちつくす
デパートもホテルも
文化会館も学校も
集合住宅も
崩れはじめている
すべてはほろびへと向かう
人びとのいのちと
人びとがつくった都市と
ほろびをきそいあう
ストロンチウム九〇　半減期　二九年
セシウム一三七　半減期　三〇年
プルトニウム二三九　半減期二四〇〇〇年

セシウムの放射線量が八分の一に減るまでに九〇年
致死量八倍のセシウムは九〇年後も生きものを殺しつづける
人は百年後のことに自分の手を下せないということであれば
人がプルトニウムを扱うのは不遜というべきか
捨てられた幼稚園の広場を歩く
雑草に踏み入れる
雑草に付着していた核種が舞いあがったにちがいない
肺は核種のまじった空気をとりこんだにちがいない
神隠しの街は地上にいっそうふえるにちがいない
私たちの神隠しはきょうかもしれない
うしろで子どもの声がした気がする
ふりむいてもだれもいない
なにかが背筋をぞくっと襲う
広場にひとり立ちつくす

一、古老の予言と5重の壁神話

２０１１年3月11日午後2時46分、東日本の太平洋沖に沈み込んでいる日本海溝の３か所が動き、モーメントマグニチュード９・０の巨大地震が引き起こされた。この巨大地震からわずかの間に、青森県から千葉県の太平洋岸に巨大津波が押し寄せて、多数の人・動物・建物に甚大な被害を与えた。

この大災害は東日本大震災と名付けられた。当時、政府機関には地震予知連絡会があったのだが、この地震予知連絡会は、東北地方に大地震が起きる事など一度も話題にしていなかった。東北地方は日本の食糧供給地でもあるが、太平洋に面した海岸線には、電力の大消費地である関東地方に電気を送るために、原子力発電所、火力発電所が多数立地しており、電力の供給地でもある。

これらの発電所のうち、ウランの核分裂を使う原子力発電所（以下、原発と言う）と原発関連施設が青森県、宮城県、福島県、茨城県に立地しており、それぞれの場所で地震と津波の被害を受けた。

西の原発銀座である福井県若狭湾に対して、東の原発銀座であった福島県浜通り地方には、東京電力福島第一原発6基と第二原発4基の計10基もの原発が運転していて、常に立地・周辺住民の心の奥底を不安にさせていた。

1971年に福島第一原発運転が始まった時から、東京電力は地元のテレビに核科学者や有名人たちを出演させて「原発には五重の壁があるから、事故が起きても、原発から放射線は出て行かない。5重の壁のうち、どれかが有効に働いて、放射線は大気中には出て行かないから絶対安全だ」と強調して、原発の真実を知らない私たち地元住民を「絶対安全」という安全神話で洗脳していった。

この「5重の壁神話」は、旧小高町役場職員の心に響いていたのだろうか？　ある時、役場職員の人と原発の話をした時、いともあっさり原発は安全なんだよと、言われてしまった。なぜ、原発は安全なのだろうか？　原子炉建屋がデパートのように大きいから安全なのか？　しかし原子炉建屋の中は配線や管などが縦横無尽につながっていて、1か所でも破損が起きたらどうするのだろうかと不安でたまらなかった。

3月11日の大地震の揺れは強くて長くその衝撃は言い難い恐怖があった。地震のすぐ後にきた大津波は、北は太平洋岸の青森県から岩手県、宮城県、福島県、茨城県、千葉県に及び、各地で壊滅的な被害を及ぼした。

東日本太平洋岸には青森県の東北電力東通原発1炉、六ヶ所村核燃料再処理工場、宮城県の東北電力女川原発3炉、福島県の東京電力福島第一原発6炉、同第二原発4炉、茨城県東海村の日本原子力発電会社の東海第二原発1炉の計15炉の原発が稼働していた。

東北地方太平洋岸は原子力発電所密集地帯だ。また、青森県むつ市には危険な使用済み核燃料の中間貯蔵施設もある。

これらの原子力発電所や施設のうち、大熊町と双葉町にある東京電力福島第一原発と富岡町と楢葉町にある第二原発が14・3mの大津波に襲われて水浸しになり、原子炉建屋より海側に造られたディーゼル建屋地下に設置していた緊急時に水を供給するための電源ECCS(Emergency Core Cooling System)とその電源を各部所に回す電源盤が浸水して使用できなくなった。また、外部電源もなくなり、全電源喪失に陥った。

全電源喪失により電気で廻していた冷却水を廻せなくなり「原子力災害対策特別措置法第10条通報(全交流電源喪失)」、15条通報(非常用炉心冷却装置注水不能)が発令され、原発の「止める、冷やす、閉じ込めるの3原則」ができなくなった。

原発は水が命で、交流電源を使って冷却水を廻して「冷やす、閉じ込める」を行っている。10条、15条通報は原発で過酷事故が起き、電気で水を廻せず、そのため原子炉を冷却できず、制御不能になり、崩壊熱で出た高濃度の放射性物質(死の灰)が環境に大量に出るので近隣住民に緊急避難を強いる原発事故上、最悪の状況に対応する法律だ。

原子力発電所関係者が言う「原発は冷やすための水が命で、水がなくなったらダメだ」という事は地元住民も周知のことだった。水が命の原発が地震と津波の水にやられて冷却出来ないとは東電は今まで何をやっていたかと呆れと怒りと絶望感が同時に去来した。

福島第一、第二原発は１９５０年代から１９６０年代前半頃までに福島県知事、福島県庁と県議会によって誘致が決められた。そして過疎で悩む浜通りの双葉郡・相馬郡の町長・町議会、各町の有力者達とともに誘致に取り掛かった。福島県浜通りの双葉郡・相馬郡はこれと言った産業がなく農業が主の過疎地だったからどうしたら過疎地から抜け出せるか、どうしたら産業ができて地元で勤めができるかが各町の町長や町議会、町役場の関心事だった。

当時、相馬郡小高町に住んでいて子供だった私にも双葉郡は農業が主で働く場所がなくて遅れていると映っていた。ただその分だけ自然が豊かで空気と水がきれいで、土地が肥えて農作業によって国土が保全されていた。

そして１９５０年代後半から60年代初め、東電の原子力発電所が双葉郡に来るのだと教えられた時には、原子力発電は原子爆弾と同じ理論を使うというのは、小学生の私でも知っていたが、原子力の平和利用という考え方によって、その恐怖感を持たないようにされていった。双葉郡の地域社会と環境に原発という危険なものを受け入れて生活していくのは、双葉郡にはそういう道しかないのかなとなぜか虚しい思いがしていた。しかし自然が豊かで空気がきれいな双葉郡に恐ろしい原子力発電所は似合わないとどこか強い拒否感を抱いていた。

それから2、3年過ぎて1965年頃の中学生の時、今度は自宅がある小高町にも原発が来ると聞いて驚き恐怖にかられた。それは東京電力ではなく東北電力浪江・小高原発だった。誘致する場所は浪江町と小高町の町境で浪江町棚塩地区（たなしおだが地元の人はたなんしょと呼んでいる）と小高町浦尻地区が隣り合っている。そこは太平洋に面して高い崖が何キロも続いている所だ。地元の人しか知らない高い崖っぷちの場所が原発立地になるとは、浪江町と小高町役場が日本政府と東北電力に原発誘致地として、地域社会と環境を差し出したのだと誰もが想像していた。町の古老から「海の近くに来る工場は海に悪い物を流すためにやって来るに違いない。だからろくなものはない」と、当時近所の小高町蛯沢の海岸にあった化学工場を指さして教えられていた。後に熊本県水俣市で水俣病がおきたが、有機水銀を海に垂れ流していたとは、古老の言っていた通りのことだった。日本政府は都会の発展のために地方の町に悪いものを押し付けてきた。序に代えての若松丈太郎氏の詩のように、町の古老たちは原発の在り方にも根本的な疑問を抱いており、いつか大変なことになると予言していたのだ。

東京電力福島第一原発が営業運転を開始したのは1971年からだが、その前の10年間は過疎地の双葉郡に原発建設の人達が入り込み双葉の町々の様子も一変してきた。その頃から国道6号線を小高から南下して双葉郡内を走っていると、双葉町辺りから風景が一変して建物が立派になっていった。原発の恩恵とわかっていたが、放射能のない安全な生活をすることを差し出して、代わりに危険な原発を受け入れるなどは考えられないことだった。そもそも原発誘致を決めたのは福島県知事と県議会、県庁、東京電力、海に面していた当該立地町長と町議会、各町の有力者だった。決める時には町民の民意を問うてはいなかった。そして決定した後で、町民に原発が来ると知らせていたのが実態だった。

福島県浜通りは地震の多い地域で双葉断層、湯の岳断層、井戸沢断層など活断層がある。最近の地震は1938年(昭和13年)、いわき市の塩屋埼沖地震が発生しM7・5の大きな地震で人的、物的被害がひどかった。塩屋埼は美空ひばりさんの名曲「みだれ髪」の歌詞にある観光名所で「喜びも悲しみも幾年月」の塩屋埼灯台があり地元の人達が誇りにしている場所だ。塩屋埼沖地震を経験した私の父母や親族たちは双葉郡の地震の多い地域に原発を作って運転することを大いに心配していた。そんなM7・5の塩屋埼沖地震を聞かされていた私たち、子・孫世代もまた地震地帯の双葉郡に東電の原発が林立していることに不安で仕方なかった。しかし、国家・行政・政治家・東電などにとっては地震・津波よりも東京から離れている過疎の地域にその危険を押し付けて最大の利益を得ることが最優先だったに違いない。原発の本当の恐ろしさに目をつぶった政治家たちを選び県政・町政を任せたことは私たち地元住民にも責任の一端がある。

また1960年、チリ地震津波が襲ってきて海岸から徒歩数分の所に住んでいた我が家はそのチリ地震津波を見にいった。事前に小名浜港・相馬港辺りは潮位は高くならないとラジオニュースで聞いていたので数人で見に出かけた。小高町浦尻、井田川の防波堤から波が沖に吸い寄せられ海水がなくなって遠く沖の海の砂底まで見えるのは目撃した。津波の引き波で海水がなくなったのだ。それからしばらくして約50㎝の津波が押し寄せてきた。

日本列島はユーラシア大陸の東端で大陸に沿って弓なりの形を成し、4つのプレートに押されて「苦しい、苦しい」と地底と海底の狭間から悲鳴をあげながら存在して来たのだろう。なぜなら新期造山帯に属し、地殻運動が盛んな地域だ。その弓なりの日本列島は地震・津波・火山・台風の自然災害が多発し、その列島の上に危険な原発を多数設置して運転するのは立地・周辺住民を危険にさらすのみならず、日本国の存在も危うくすることだ。しかし日本政府は科学技術立国めざして、原発設置に邁進し、54炉もの多くの原発を稼働させてきた。

第一原発は1971年3月、運転開始してからよく事故を起こしてきたことが新聞に掲載されていた。運転開始後まもなく、高濃度汚染水が外に漏れだす事故もあった。そしてその事故の詳細を隠すことがほとんどだった。稼働率は30％ですと聞かされていたが、たびたび聞く事故のニュースでそれ位の稼働率だろうと思っていた。地元住民は「ぼっこれ原発」と呼んで怖がっていた。
世界の原発関係者が福島第一原発を世界一危険な原発と言っているのを新聞、テレビ、ラジオで報道されていたので、東電が何らかの対策を採るだろうと淡い期待を持って待っていたが、対策を講じたとの発表がなく地元住民の一部は取り返しのつかない原発事故になることを恐れていた。特に２０１０年頃は塩屋埼沖地震から70年以上過ぎていたのでいつ大地震が来てもおかしくないと心配していた。原発事故後、世界一危険な原発と言われていたことは本当だったと実感したことは痛恨の極みだった。

世界一危険な原発への対策どころかあの危険な一号炉マーク１型は原発事故前年の２０１０年に運転40年を迎えていた。運転目安は30年と聞かされていたので10年多く稼働した。これで「ぼっこれ原発」のうちの1炉はなくなるだろうと思っていたところ、経産省原子力安全・保安院から10年延長運転が認められた時には驚きと失望と恐ろしさが同時に去来した。一号炉をそのままにしておいて運転延長を認めるのは、住民が呼吸をしている環境を汚染し続けることで立地・周辺住民には背中に刃物を突き付けられているような耐えられない恐ろしさを覚えた。が、原発関係者は立地・周辺住民のことなど考えてもいなかった。この運転延長は東電と原子力安全・保安院が示し合わせて決めた。保安院がある経産省と保安院の幹部が東電に再就職する状況では、保安院は東電の意のままとなり、東電に有利に原子力行政を進めて来た結果だ。

1994年、東京電力が水力発電、火力発電、原子力発電で長年福島県にお世話になってきたからとして双葉郡楢葉町・広野町にサッカー施設Jビレッジを130億円で建設して福島県に寄贈した。Jビレッジを造って贈るよりその資金で津波対策をやっていればと住民の間にも禍根の気持ちがあった。目に見えるサッカー施設より、住民の目に見えない原発の安全、津波対策に資金をかけてほしかった。なお、保安院は今は原子力規制庁に衣替えして存続しているが、本当にその責任の重さを認識しているだろうか。

原発事故後、環境が放射能で汚染されてしまったので、原発周辺の住民は避難を余儀なくされた。原発から半径20キロ（直径40キロ）に居住していた住民、約7万8千人は避難指示を受けてちりぢりばらばらになった。隣の人がどこに避難したのかわからない状況だ。

原発事故被害の町々は、海側では津波被害で多数の犠牲者が出て、家屋も流され壊滅状態だった。山側では津波被害はなかったが、放射能の高線量汚染で留まることができなくなった。南相馬市小高区を始め、各町々の海側で津波、山側で高放射線量の被害がでて、よりどころとなる地区もなく半径20キロ圏内は無人の町になった。

また、飯舘村や川俣町山木屋地区は浜通りの原発地帯から離れていた。地元の人も飯舘村は遠くの村という印象でいたし、飯舘村の人達も近くに原発があると考えない生活をしてきた。ところが原発事故時の南東の風向きで放射能プルームが飛んでいき、飯舘村が高線量の場所となってしまった。

2011年3月12日夕方、南相馬市小高区にも避難指示が出て無人の死の町になった。人間は半径20キロ（直径40キロ）圏外に出されたが、犬・猫を含む動物たちは取り残された。人間は避難所に入れるが、動物たちを収容する施設がないから、直径40キロの立ち入り禁止区域に置いて行けという。人間の都合で造った原発は人間でも弱い立場の人に被害が大きく、立場がもっと弱い動物に被害が多かった。人が誰もいない放射線の降り注ぐ死の世界に動物を置き去りにするなんて衝撃を受けた。

3月12日から小高区の町内には住民が放していった犬がたくさん出てきて、10匹、20匹、30匹と群れてあちこちでひもじそうにしていた。動物愛護団体の人達が来て、何匹かの犬は保護された。しかし保護されなかった犬たちには餓死という運命があった。私は原発事故直後から犬・猫救済に取り組んだ。動物たちをそのまま置いてきぼりにするという無慈悲なことはできないと考えていた。

二、日本の核エネルギー（原子力）利用研究開発の歴史と日米原子力協定

科学史研究家の故吉岡斉によると、日本の核エネルギー（原子力）発電開発利用の歴史は2011年3月の東京電力福島第一原子力発電所のレベル7過酷事故が起こるまで5つの時代に分けられる。第一原子力発電所事故が起きた後が六期となる。この日本の核発電利用の歴史を吉岡斉の著作から紹介し日米原子力協定についても考えてみたい。

一期　原子力研究を禁止されていた時代（1953年まで）

1938年、ヨーロッパでは第二次世界大戦が始まりイギリス・フランス・アメリカ・ソ連の連合国とヒットラーのドイツとムッソリーニのイタリアの枢軸国が戦争をしていた。同年、ドイツの科学者オットーとストラウスマンがウランの原子核が中性子をあてられて分裂する時、膨大な熱エネルギーを出すことを発見した。

このニュースはたちまち世界中に広まり、戦争中であったため多くの国の科学者や軍部が核

分裂を軍事目的に使えないかと研究を進めていた。戦争は物理学の発展に寄与するとうそぶいていた科学者もいて、戦争中に化学兵器、通常兵器の性能向上、新しい武器の研究・開発をしていた化学者、物理学者が多くいた。

科学者たちはこのウラン核分裂の理論を使って、新兵器となる特殊爆弾である原子爆弾をドイツのヒットラーが最初に製造して、使うのを恐れていた。ナチスの迫害から逃れてヨーロッパからアメリカに亡命していたアインシュタインはじめ科学者たちは１９４２年、アメリカのルーズベルト大統領に原子爆弾開発・製造を促す手紙を書いた。先にヒットラー率いるナチスドイツが原子爆弾を造ったら困るという思いからだった。

ルーズベルト大統領はこの提案を受け入れて、同大統領のもとで始まった原子爆弾開発製造計画はアメリカ軍グローブス准将が責任者となり、マンハッタン計画と名付けられイギリス、フランス、カナダ政府が協力して極秘中の極秘計画で、副大統領のトルーマンにも知らされなかった。アメリカのルーズベルト大統領とイギリスのチャーチル首相が密約を結んでいて最初の原子爆弾を投下するのは日本と決めていた。

マンハッタン計画は１９４２年、アメリカ科学界の総力と膨大な資金をつぎ込んで研究・開発・製造を進め、開始の年１９４２年からわずか3年後の１９４５年7月にウラン型とプルトニウム型の２つの爆弾を完成させて、ニューメキシコ州で核実験を行い、そして実際に使おうとしてルーズベルト大統領亡き後、大統領になったトルーマンに投下の承認を促していた。そしてグローブス准将はトルーマンの承認を得て同年8月、我が国の広島市と長崎市に原子爆弾を投下し、21万人の無辜の市民の犠牲者と数多くの被爆者を出した。その後、日本はポツダム宣言を受諾して連合国側に無条件降伏した。

1951年日本は連合国側とサンフランシスコ講和条約を締結し、発効は1952年からで1945年の敗戦から7年後だった。その講和条約には敗戦時から連合国側によって禁止されていた核エネルギー研究については何の言及もなかった。そのことから日本側は核エネルギーに関する研究禁止が解かれたとわかった。

1953年、当時改進党の代議士であった中曽根康弘が核の利用についてアメリカハーバード大学の夏季講座に招待され、そこで核エネルギーの講義を受けて、原子力に陶酔し、強力に原子力を推進して日本を工業国にすべきで農業国にしてはいけないと考えて帰国した。この年の12月にアイゼンハワー米大統領が国連で「核の平和利用」の演説をした。中曽根康弘がアメリカに招待され、核（原子力）を学んで帰ってきた時までを1期とする。

二期　原子力行政（核の平和利用）が推進された時代　（1954年～1965年）

1954年3月、第五福竜丸事件が起きた数日後、当時改進党の代議士であった中曽根康弘が原子力予算2億6千万円を突然、国会に提出し成立させた。2億6千万円のうち、2億3千5百万円が原子炉築造予算だった。その後、核（原子力）に対する日本政府の対応は迅速だった。1954年に中曽根康弘が中心になった「原子力合同推進委員会」ができ、原子力利用行政の進め方を話し合った。しかし科学者の動きはにぶく核研究の基礎も始まってはいなかった。科学者抜きで、政治家と官僚が原子力の組織作りに先走っていった。

1954年、原子力予算を提出する数日前の3月1日、アメリカがマーシャル諸島ビキニ環礁で原爆より破壊力が強い水素爆弾実験ブラボー作戦を行って、近海で操業していた約1,000隻の漁船が死の灰をあびた。なかでも静岡県焼津市の第五福竜丸が日本に帰港した時、死の灰をあびている事実が明らかになった。第五福竜丸だけでなく高知県室戸市のまぐろ漁船が付近で操業していてたくさんの漁船と漁船員が被曝して亡くなった。第五福竜丸事件を知って日本国民はまたも日本人が核エネルギーの死の灰の犠牲者となったというのがわかり全国に衝撃が伝わった。なかでも東京都杉並区の主婦たちが、反核、反原子力運動の抗議の先頭にたち国中がアメリカに対して怒りに沸き立った。アメリカはこの事態に、核で世界制覇をめざしている自国の戦略に支障がでると非常な危機感を持った。

そこで、アメリカ中央情報局CIAは、日本国内で原子力を強力に推し進めるために利用できる人物のリストを作り、自国アメリカ政府側への協力者である正力松太郎たちと組んで、日本人の怒りを鎮めるにはどうしたらよいかと話し合った。正力たちは原子力の平和利用を宣伝するPRをおこなうのがいいと話し合った。それはアメリカの「日本に対する心理戦略作戦」と名付けられ、広島・長崎・ビキニで日本人が被爆して死亡したことで「核はいやだ」と叫んでいた日本国民を、核の軍事目的ではない、「核の平和利用」と称する核に嫌悪感を起こさせないようにするというものだった。

1955年、アメリカから原子力の権威と称して軍産メーカーの社長が来日して、日比谷公会堂で核エネルギー講演会を開いた。その講演会の後は、首都圏の人々だけでなく広く日本国中の人々に原子力の平和利用について知らせようと、アメリカ大使館と各地の主要新聞社が主導して、1955年11月から57年8月まで東京を含む日本の8つの主要都市で、原子力の巡回大博覧会を開いた。この巡回原子力大博覧会は大成功を収め、日本人の核嫌悪感を取り払い、核に対して受け入れの気持ちを抱かせた。アメリカの心理戦略作戦は大成功を収めた。またCIAは1960年代まで日本の保守勢力に巨額の政治資金を提供して日本の政治を親米にする活動もしていたが、この原子力平和利用キャンペーンもその一つだった。

1954年、政府には「原子力利用準備調査会」がつくられ会長が副総理で、1955年、日米原子力研究協定とアメリカからの濃縮ウランを受け入れるため、日米原子力協定として署名した。アメリカの狙いは「日本を核を使う国」にすることだった。同年55年、日米原子力研究協定署名によって、電力・通産グループの雄、東京電力が原子力発電課を作り、原子力発電所設置へと準備に入った。そしてどの外国からどの原子炉を購入するか、と同時に国内のどの海岸に「水が命」の原子力発電所を設置するかと海岸場所探しを始めた。原子力発電は危険なものだから事故がおきた時は、事故を最小限にするために設置場所は人が住んでいない場所か、住んでいても過疎地が適するとする差別である原子炉等設置法ができた。

また、54年の原子力予算成立を受けて、55年経団連が中心となった「原子力利用平和懇談会」を設立し、これらに電力経済研究所が加わり1956年「財団法人日本原子力産業会議」が発足した。この「財団法人日本原子力産業会議」は日本の有力企業のみならず、ありとあらゆる組織・団体を網羅していて、それは財界、学界、自治体、報道関係者、消費者団体などだった。そして2006年、この会議は日本原子力産業協会と名称変更し、原子力発電推進の中心的存在として経団連ビルに入り現在に至っている。

翌1956年は原子力基本法に基づいて原子力行政の最高意思決定機関である原子力委員会ができた。初代委員長には正力松太郎が就いた。出来たばかりの原子力委員会には、ノーベル物理学賞受賞者の湯川秀樹博士も5人の委員の1人だった。湯川博士は複雑で難解な原子力発電をやるのなら、まず基礎研究が大事だと言っていた。しかし原子力委員会に出入りするのは基礎研究をやる人達ではなく、政治家や官僚・財界人といった原子力行政の人達が主で、しかも進め方が急で湯川博士は原子力委員会は原子力発電をやるにはふさわしくない組織だと判断して1年間委員として居ただけでやめてしまった。このことはサンフランシスコ講和条約の52年まで原子力研究は禁止されていて、核の知識がなく日本国独自では核発電（原発）はとうていできず、猪突猛進に原発導入を進めるには原発を外国から買ってきて日本の海岸に設置するほかなく、原発の安全性に慎重な日本の科学者はいない方がいいという状況だった。

正力は3月には日本原子力産業会議（前述、２００６年から日本原子力産業協会と名称変更）設立の中心となり、財界関係者の原子力への関心を高め、そして日本原子力産業会議には日本の財界首脳が集まった。

これはＧＨＱによって、戦争中、財界が旧日本軍政府に戦争資金を与え、しかし社員には十分な給料を与えず、それが原因で軍国主義に対抗する中産階級育成をして来なかったのも戦争の一因となったとの理由によって財閥が解体された。しかしアメリカの原子力政策につき動かされた日本政府の原子力政策によって、わずか10数年後に日本原子力産業会議の主要メンバー財閥として、再構築されるきっかけとなった。5月には原子力発電を推し進めるための官庁である科学技術庁ができ、初代長官に正力松太郎が就いた。

56年1月にできた原子力委員会が、同年9月の「原子力開発利用長期計画」（長計）で「増殖型動力炉が我が国の国情に最も適合する」とした、核燃料サイクルを確立させた。核燃料サイクルは研究禁止が解けた１９５２年から後の1～2年間でのアメリカの文献翻訳で進めようとした事業だった。その長計では核燃料サイクルの高速増殖炉をやるとした。高速増殖炉は外国の文献翻訳から得た知識だが、夢の原子炉として自然界には存在しないが原子炉の中で作られる毒の中の毒、地上最強の猛毒のプルトニウムを核分裂させてエネルギーを出し発電することを決定した。そして同56年11月、5年後には原発を営業運転させると目論んで早急に原発導入を画策する正力松太郎が中心となって英国からコールダーホール型原発の導入を決め、そのあまりの早急さに正力の周りの人達を翻弄していた。

原子力発電所推進には2つのグループが出来た。1つのグループは電力会社と通産省でこれが原発運転を担い、もう1つのグループである科学技術庁が原発開発の研究に当たるという2つのグループ体制でやっていた。原発の建設費は各家庭の電気料金から徴収した資金を使っていた。１９５７年、原子力発電をやるのは民間電力会社が主体となってやるのを、正力が認めた。このことで各電力会社が、原子力発電所を建設して運転することになった。そして日本初の英国製コールダーホール型原発の設置場所は北関東の寒村で太平洋に面していて海がある茨城県東海村に決まり、それが東海原発となった。海があるというのは「水が命」の原発立地には必要な条件を満たしていて、人口希薄で産業がなかったことが原子力発電所を設置するのに適していた。茨城県東海村は上野発の常磐線が茨城県内陸部を走っていて、ちょうど東海村辺りから太平洋に面した海側を走るようになっている。常磐線東海駅のずっと北には福島第二、第一原発がある福島県の常磐線木戸駅（楢葉町）、富岡駅、大野駅（大熊町の駅）、双葉駅、浪江駅がある。1960年に東海村でコールダーホール型原子力発電所が工事着工され、1966年から営業運転に入った。

アメリカは潜水艦の動力に核分裂エネルギーを使おうとして研究・開発していた。原爆投下から9年後の超スピード開発で、1954年には、潜水艦用動力炉を積んだ原子力潜水艦ノーチラス号が製造され、そして運転を始めた。アメリカ政府がこの潜水艦用動力炉（原子炉）を陸揚げして、民間用発電に転用したのがアメリカ製軽水炉（原子力発電）だった。アメリカ海軍が開発した軽水炉は63～64年に軽水炉発電ブームが起こり、アメリカの工作メーカーまでもが開発に着手した。多種・多様の開発会社の中でもGE社の沸騰水型軽水炉BWRと、ウェスティングハウス社の加圧水型軽水炉PWRが発電会社に受け入れられた。しかし原子炉が安全なものであるというのではなかった。GE社は沸騰水型軽水炉を開発した技術者が、原子炉の大きさに比べ格納容器の小ささと複雑さが安全に問題があるとして危険性を告発していた。

GE社はメーカーが原子力発電炉建設に全責任を持つ「ターンキー方式」を採用し、化石燃料発電（火力発電）と同じ価格にする「固定価格制度」を考え出し、60年代半ばまでに発電用軽水炉発注の世界的ブームが起きた。ターンキー方式というのは出来合いの原発を、そのまま設置場所に運んでそこで建設して出来上がったらキー鍵を発注者に渡して、そして発注者がキーをターン（廻して）運転に入るという原発だった。洋服に例えるなら出来合い洋服の原発版だった。アメリカからターンキー原発を買って、日本の海岸に設置するには、日本の地形、自然災害などを考慮して日本の実情に合わせて原発の仕様を変えるものだが、そうすると余計なコストがかかる。東京電力と各電力会社はコスト節約のために仕様を変えなかった。

1955年、政府の「原子力利用準備調査会」が日米原子力研究協定とアメリカからの濃縮ウランを受け入れるため「日米原子力研究協定」を結んだ。この協定の結果、核燃料が調達できるため東京電力は軽水炉発電の導入に動き出した。原子炉設置場所は福島県浜通りの双葉郡を適地としていた。双葉郡は東京から250キロ北にある、太平洋に面した過疎地だった。

二期目は原子力行政が形作られた時期だが、この時期に原発の安全性について真剣に考え、議論してその安全性議論の跡を原子力政策に生かしてもらいたかったが、決してそんな事はなかった。核エネルギーを使って日本を工業国にすることには異常に熱心で、急いで核利用の行政を作って行き、原子力委員会が作られた。急いで作った原子力委員会は形は出来たが、猪突猛進に原発に突き進んで行くための組織だった。大東亜共栄圏体制と原子力立国体制には共通点があり、一度決めたらどんな不都合が起きてもやめないという体質だ。大東亜共栄圏体制は国力の違いから戦争など出来ない国々と無謀な戦争をした。原子力立国体制は日本国土が不安定で4つのプレートの境界線上にあり、地震、台風、火山活動などの自然災害多発国で地下水の豊富な国土に、危険な原発を54炉も稼働させて国民を危険にさらしてきた。東電福島第一原発事故があっても一度決めた原子力立国政策は変えず、国民の大多数が反対なので陰でこそこそ原発を続けていて、その体質は今も変わっていないように思われる。

三期　アメリカから軽水炉を買い始めた原発初期の時代（1966年〜1979年）

三期に設置された初期の原発は19炉だ。
福井県　敦賀市　日本原子力発電　敦賀原発1号
〃　美浜町　関西電力美浜原発　1〜3号
〃　高浜町　関西電力高浜原発　1、2号
〃　おおい町　関西電力大飯原発1、2号
福島県　大熊・双葉町　東京電力福島第一原発　1〜6号

島根県　松江市　中国電力島根原発1号
宮城県　女川石巻市　東北電力女川原発　1号
佐賀県　玄海町　九州電力玄海原発　1号
愛媛県　伊方町　四国電力伊方原発　1号
茨城県　東海村　日本原子力発電　東海第二原発

三期の1968年には「日米原子力協定包括的68年協定」が結ばれアメリカからの軽水炉導入が本格化した。

一方、福島県では64年から原発知事と呼ばれた元通産政務官木村守江が前任知事佐藤善一郎の死去に伴い新知事に選ばれた。木村は通産大臣の椅子を蹴って知事に就任しただけあって権勢が強くワンマンで福島県を木村保守王国にしていた。木村は前職が通産政務官だったので原子力発電所建設には並々ならぬ意欲を持っていて、福島県浜通りの海岸線は直線で約120キロあるが、その浜通りを世界一の原子力センターにする野望に燃えていた。この木村の下で、東京電力は福島県梁川町出身の副社長木川田一隆と知事との関係をもともと親しかったが（木村は医師で、木川田は梁川町の医師家庭出身）もっと密にさせ、第二原発建設の確約までとった。

東京電力は福島県浜通りに第一原発6炉、第二原発4炉、新潟県柏崎・刈羽原発に

１００万キロワット7炉建設するというように原発を集中立地させる会社だ。その理由は原発建設コストを削減するためで、低コストで済む集中立地させて、原発立地・周辺住民の安全は考えてこなかった。東電は原子炉をターン・キー契約で安価に作れるＧＥ社のマーク1型に決めて契約を結んだ。そして、67年大熊町で工事が始まり、アメリカのＧＥ工場で出来上がった原子炉をそのまま大熊町の町民から買収した東電の敷地に運んできて設置した。木村知事の下、福島県は東京電力第一原発6炉、第二原発4炉、東北電力浪江・小高原発4炉建設を続々発表し、世界一の原子力発電センターへと歩み始めていた。

原子力発電所用地は1か所でも３５０万から４００万平方メートルの広大な土地を必要とするので、福島県土地開発公社（木村守江理事長）が用地買収にあたった。そして71年3月、第一原発1号炉が営業運転を開始した。

67年、原発推進のもう一つのグループである科学技術庁に動力炉・核燃料事業団（動燃）ができた。この動燃は98年核燃料サイクル開発機構に、そして２００５年日本原子力開発機構へと名称変更し、科学技術庁がなくなった現在は文部科学省の中に入っている。動燃は3つのプロジェクト、高速増殖炉、核燃料再処理、ウラン濃縮開発に取り組んだ。が、いずれの計画も順調にいかず、税金を湯水の如く使って成果は出さなかった。この三期の60年代後半から70年代半ばまでに世界の原子力開発利用は順調には行かなかった。

日本でも同じ状況でその原因は、1・原子力発電所に事故・故障が多発した。2・全国的に原子力発電所は危険であるとの反対世論が高まり、3・地元住民の不同意により新しい原発立地ができなくなっていった。

しかし原発の新規立地が困難となって行く中で、74年、当時の田中角栄内閣は新しい法律、電源三法を成立させて、各家庭の電気料金から徴収した資金を基に立地地域に財政面で手厚い保護を施す原発交付金制度を作り原発立地を促進させた。その原発交付金の魅力で原発誘致に走る自治体が出てきて、原子力発電所は毎年2炉ずつ増えて行った。

1978年、原子力開発の推進機関である原子力安全委員会が原子力委員会から分離してできた。原子力安全委員会ができた翌年の1979年、アメリカ合衆国ペンシルヴァニア州スリーマイル島原発で原発の炉心溶融事故がおきた。この事故は炉心内部にある放射線が環境に放出されるような過酷事故が実際に起こることが明らかになり、世界の原子力発電関係者に衝撃を与えた。この事故でアメリカは原発建設を凍結し、ヨーロッパでも原発見直しが行われ、また日本国民にも原子力発電の危険性に対する世論が湧きあがった。

この事故は炉心溶融事故を起こしたのだから、日本の原発関係者はなぜ冷却水が届かなかったのか、緊急炉心冷却装置（ECCS）が作動したかどうかと自国にある原発に照らし合わせて、当てはめてみるべきだったが、真剣に行ったかは疑わしい。その上、アメリカで事故の原因究明も終わっていなかった事故から2日後の3月30日、日本の原子力安全員会の吹田徳雄委員長が「TMI（スリーマイル島）のような事故は日本では起こりえない」との談話を発表して、原発の危険性を心配していた国民の怒りを買った。

そして、日本の原発関係者はこの事故を対岸の火事として、自分には関係ない事、運転者が優秀な日本では起こりえないとしてしまった。形ばかりの安全委員会であった。

三期の大きな出来事は初期の原発19炉が造られたこと、74年、田中角栄による電源三法ができたことと79年のスリーマイル島原発事故が起きた事だった。

四期　スリーマイル島事故後もアメリカ核戦略に貢献した時代（1980〜1994年）

88年原子力協定

もんじゅのナトリウム漏れ事故の前年までの14年間。アメリカの核戦略に貢献した結果、1988年に日米原子力協定の「包括事前同意方式」がアメリカと結ばれ、日本政府は日本を晴れて原子力立国へと進めていた時代。

軽水炉設置の安定期だけあって四期14年間に27炉を設置・運転した。
福島県　富岡町・楢葉町　東京電力福島第二発電所1〜4
佐賀県　玄海町　九州電力玄海原発　2、3、4号
愛媛県　伊方町　四国電力伊方原発2、3号
新潟県　柏崎市・刈羽村　東電柏崎・刈羽原発1〜5号
鹿児島県　薩摩川内市　九州電力川内原発1、2号
福井県　高浜町　関西電力高浜原発　3、4号
〃　敦賀市　日本原子力発電敦賀原発　2号
〃　おおい町　関西電力大飯原発3、4号
静岡県　御前崎市　中部電力浜岡原発　3、4号
島根県　松江市　中国電力島根原発　2号
北海道　泊村　北海道電力泊原発　1、2号
石川県　志賀町　北陸電力志賀原発　1号
と、原発推進のトップであった中曽根康弘が多くの原発を造った。
また、この四期、高速増殖炉もんじゅの85年着工、95年8月に初送電して同年12月にナトリ

ウム漏洩火災事故を起こした。もんじゅ建設には2・4兆円の税金を使い、原子力関係者を潤した。四期に着工した原発は多くが100万キロワット級の大型原発で、原子炉には核燃料集合体が数多く装荷されている。核燃料集合体が多いとそれだけ事故時の危険が増し、大量の放射性物質が環境に放出される。

また、福島第一原発とともに事故を起こした第二原発100万キロワット4炉が福島県浜通り、東電柏崎・刈羽原発7炉が新潟県にあり、玄海原発4炉が佐賀県に、福井県大飯原発2炉と高浜原発2炉が隣合わせの立地で福井県に集中し、原発集中立地地域が誕生していった。

アメリカではスリーマイル島事故が起きてから自国内での原子炉設置は凍結されていた。そして、GEの技術者が沸騰水型原発の危険性について原子炉の大きさに対して格納容器が小さく複雑でよく働かない、そして事故が起きた時、国民を守ることができないとの重要な警告を残して会社を去った。ところが、日本の原子力村関係者たちは謙虚にアメリカの失敗経験から学ぼうとしなかった。

1986年4月、史上最悪といわれた旧ソ連チェルノブイリ原発爆発火災事故が起きた。地上高く舞い上がった放射線で北半球全体が汚染された。事故収束で亡くなった消防士や原発会社の人達は放射線を大量に取り込んで被曝線量が高かったので一般の墓には埋葬されず、遠くの場所にある特別な墓地に遺体を鉛で包んで埋葬された。チェルノブイリ事故を受けてヨーロッパでは原発離れが起きたが、日本には影響を及ぼさなかった。

それは原子力発電を進める原子力村の関係者たちが、スリーマイル原発事故から目を背けたようにチェルノブイリ原発は日本の原発とは炉型が違うし、日本の運転員は優秀だから日本では起こりえない事故として済ませていた。

この事故が起きた時、日本は竹下登総理大臣の内閣だった。竹下内閣はソ連で重大な過酷事故が起きたのだから、日本の原発は大丈夫かの議論や、原発政策見直しをしなければならなかった。が、ソ連の原発と日本の原発は炉型が違うから心配ない、運転員が優秀な日本の原発では、このような過酷事故は起こりえないと過酷事故対策は何も講ぜず、事態が鎮静化するのを待っていた。


四期の88年には日米原子力協定「包括事前同意方式」がアメリカと結ばれ、事前に同意した範囲内であれば再処理もできるようになった。この協定は核に関して日本はアメリカの国益のために忠実に奉仕してそのご褒美としてもらったものだ。この88年協定で晴れて原子力立国への道は開かれ、青森県六ケ所村に廃棄物処分などのバック・エンド（後始末）対策ができる再処理工場ができた。

バック・エンドは原子炉で核分裂した後の危険な使用済み核燃料を慎重に取り出し、原発建屋の上部にある使用済み核燃料プールで冷却保管したり、青森県六ヶ所村の再処理施設に搬送するが、各地の原発と六ヶ所村の使用済み核燃料プールはそれぞれ満杯に近く、どのようにして危険な使用済み核燃料を貯めるのか、あるいは処理するのか方法は見つかっていない。

そして日本ばかりでなく世界の原発を使っている国々はバック・エンドから出る使用済み核燃料をどう処分するかめどが立っていない。

原子力発電は運転を開始した50年代から使用済み核燃料の処理の仕方がないまま運転してきた。バック・エンドは使用済核燃料を扱うので放射能汚染、被曝はフロント・エンドと桁違いに大きく危険性は増加する。しかし使用済み核燃料や高レベル放射性廃棄物について、その実現が困難である説明はなく国民には正確に知らせなかった。実現しない核燃料サイクル事業に多額の税金と電気料金から徴収した資金を使って、危険で資金のかかるサイクル事業を見直そうとしなかった。

一方、世界ではプルトニウム増殖路線（高速増殖炉）については実現できないとして70年代にアメリカが撤退し、90年初めまでヨーロッパ諸国も撤退したのに日本だけは撤退しないでいた。長年、実現の見込みのない増殖炉には2・4兆円もの建設費と1兆円の維持管理の多額の税金を使って来て成果も出せず、２０１６年に廃炉となり、廃炉にも膨大な資金が費やされている。

原子力発電を推進する人達は国家の手厚い保護を受けて、原発の立地サイトから遠い所に住んで安全で豊かな生活をしている。けれども原発運転するための諸工程の始めであるウラン鉱石採掘地や原発立地地域の底辺の人達の犠牲の上に成り立っている発電である。そのような地域の犠牲に成り立つ原子力立国をやめて原子力予算を減らして、自然エネルギーに転換して、膨大で聖域とされてきた原子力予算を社会弱者に手を差し伸べることに使うこと等、政治の本来的な在り方に立ち返るべきだと考える。

四期はチェルノブイリ原発事故があり、1988年日米原子力協定包括事前同意形式が結ばれた。

五期　もんじゅ事故から第一原発事故前まで（1995～2010年）

五期、15年間で運転を開始した原発8炉

宮城県　女川町・石巻市　東北電力女川原発　2号、3号

新潟県　柏崎市・刈羽村　東電柏崎・刈羽原発　6号、7号

青森県　東通村　東北電力東通原発　1号

静岡県　御前崎市　中部電力浜岡原発　5号

石川県　志賀町　　北陸電力志賀原発　２号
北海道　泊村　　　北海道電力泊原発　３号

この五期は、数年の文献翻訳から拙速で決定されたプルトニウム増殖発電システムという夢の原子炉「もんじゅ」が、本当に稼働出来るのかどうか疑問が生じた。また、95年、高速増殖炉原型炉「もんじゅ」がナトリウム漏えい火災事故を起こし、そして97年の動燃の茨城県の東海再処理工場が裁断した使用済み核燃料を溶かすために硝酸を混ぜていた時、爆発火災事故を起こし、その上ふげん断念など原子力研究開発事業に失敗を繰り返してきた科学技術庁が、１９９７年の橋本行政改革で解体された。原発推進のための科学技術庁がなくなってそれまでの研究・開発業務は文部科学省に引き継がれ、２００５年発足した旧動燃の日本原子力研究開発機構における研究・開発事業となった。科学技術庁がなくなって2つのグループのうち生き残った経済産業省が大きな権限を獲得し、２００１年に誕生した経済産業省は原子力行政全般を担うことになった。

１９９９年には茨城県東海村ＪＣＯ臨界事件が起き、作業をしていた2人が放射線を浴びて死亡した。この臨界事故は、世界の核関係者、核科学者、核技術者から「ＪＣＯ事故は日本だから起こった」と日本の原子力利用のお粗末さが見透かされていた。それは原子力発電利用の国際条約違反である原子力の推進と規制体制が別々に独立していなかったことが、ＪＣＯ事故で露呈してしまったからだ。ようやく原子力の安全規制を行う組織として経済産業省の外局として原子力安全・保安院が発足した。が、保安院は実際は規制ではなく原発推進の保安院だった。

２００２年には東京電力が長年隠ぺいしてきた事故が内部告発によって明るみに出て、社長南直哉と経団連元会長で東電役員の故平岩外四らの大幹部４人が辞任した。この時期には事故が明るみに出たこと、２００７年新潟県中越沖地震が起き、東電柏崎・刈羽原発７炉全炉に事故が起き、特に2、３、４、５号炉に深刻な損傷が起きる事が続き、原子力開発利用への信頼はなくなった。

五期15年間に運転開始した原発が8炉しかなかったのは、今までに事故・故障・事件が多発して原発建設が難しくなってきたからだ。加えて、世界的な電力自由化の高まりでアメリカから自由化への圧力が高まってきた。

日本でも66年の東海原発の運転開始から95年もんじゅの事故まで約30年、全国各地の原発で運転してきた結果、出てきている使用済み核燃料は膨大な量に達していた。

どの原発でも使用済み核燃料プールは満杯に近く、プールが満杯になったらどうするのかという疑問が出てきた。人間が数分間、使用済み核燃料の前にいただけで死に至るこの危険極まりない核燃料をどうするかがバック・エンド対策だが、フロント・エンドと同じように危険な迷惑物は過疎地に押し付ける方針の基で進めている。

１９８４年、電事連が青森県六ケ所村に再処理工場の核燃料サイクル３施設立地を要請し（3施設のはずが実際に出来上がったのは4施設）、93年再処理工場を着工し、１９９８年、六ヶ所村に使用済み核燃料の搬入が各原発から開始された。

１９９７年、突然、電気事業連合会（電事連）と電力11社がプルサーマル計画を発表した。日本は核保有国ではないのだが、日米原子力協定により再処理が認められている唯一の国で、核不拡散を守る各国から日本が多量に保管しているプルトニウムに批判が集まり国際問題となっていた。

こういう状況の下、56年当初の原子力長計（長期計画）では、プルトニウムは高速増殖炉で核分裂させるというもくろみが崩れ、他の方法でプルトニウムを減らさなければならないと、プルトニウム問題を解決するために経産・電力グループがとった対策は、プルサーマル発電という方法だ。プルサーマルのプルはプルトニウム、サーマルはサーマルリアクター（原子炉）をつなぎたした和製英語でプルサーマル発電でプルトニウムを費消したかった。

これはプルトニウム入りのＭＯＸ燃料（ウランとプルトニウムの混合酸化物燃料）を軽水炉の

炉心全体の3分の1まで入れて、あとの3分の2は普通のウラン濃縮した燃料集合体を入れて、一緒に核分裂させても構わないとした核物理学者たちが先導した方法だった。しかし軽水炉はウラン核燃料を分裂させる炉であり、より危険なＭＯＸ燃料を核分裂させる炉ではないから、軽水炉でＭＯＸ燃料を核分裂させるのは事故の危険がより増すことになる。

五期の後期（２００１～２０１０）の最大の特徴は電力自由化が出て来たことだった。90年代にも電力自由化を求めるアメリカの外圧があり、また歴代政権でも経済再建をめざして改革の波が押し寄せていた。総括原価方式の日本の電気料金は高く、電力会社に有利に働いていた。

電力自由化は地域独占を取っている電力業界に強い危機感を持たせた。地域独占電力会社に許されてきた発電、送電、売電を一体的に全部やることを堅持するために、電力業界が電力自由化に対して取った対抗策が、国策協力でやっている原子力発電と電力自由化の相反することのどちらかを取るかと政府に迫った。

そしてエネルギー族議員が中心となって２００２年、エネルギー政策基本法が制定され、05年の内閣府原子力委員会の新しい「原子力政策大綱」として現れた。06年には原子力行政を司る「経産省総合資源エネルギー調査会電気事業分科会原子力部会」が「原子力立国計画」を策定した。これは第一世代が石炭火力発電、第二世代が石油火力発電、そして第三世代として石油に代わる原子力を核分裂させて発電しようと位置付けた。

エネルギー関連法案はエネルギーについて広く国民の意見を反映した法案ではなく、一部のエネルギー族議員や原子力村の住民が電力会社の利益について論じるので、国民の目の届かない所で決められそれが法律となっていった。結局、電力会社の抵抗で電力自由化は実現せず、代わりに原子力立国になってしまった。

日本列島はアメリカ大陸やヨーロッパ大陸のように安定した地盤の上にあるのではなく、ユーラシア大陸の東端で大陸からはがれ残ったのが日本列島で、その成り立ちや不安定で新しい地層には関心を払わず、原子力立国に邁進しているのは日本国民全部を不幸に陥れてしまう可能性がある。たとえば物理学者・核化学者で当初は原発の製造に関わったが、その後は原子力資料情報室を立ち上げて原発が人類と共存できないことに気づき「脱原発」を目指した高木仁三郎氏たち専門家からも指摘されていた。

原発は通常運転の時も事故を起こした時も、環境に有害な放射性物質（死の灰）を大量に放出し、立地・周辺地域を含めて広範囲に死の灰が拡散し、自然界レベルに戻るまでの長い、長い期間、生物が住めないようにしてしまう。原発がこういう状況でも、日本政府は原子力発電を強力に推し進めてきた。

福島原発事故が起こる前までは、日本の核関係者は「原発事故は絶対起こらない。原発は安全です」と言って国民を欺いてきたが、事故が起きて安全神話はまさしく虚構だったと明らかになった。

六期　２０１１年３月の第一原発事故以後

２０１１年3月11日、東日本太平洋側を大地震と津波が襲い、東北地方太平洋岸に15炉設置されていた原子力発電所にも大被害がでた。中でも東京電力福島第一原発1から4号炉に過酷事故が発生し、第二原発４炉は深刻な被害を受けた。

「水が命」「水がなければだめなんだ」の原発に電源喪失のため水が廻せなくなった。すぐに第一原発から半径20キロ（直径40キロ）の住民に避難指示が出された。しかし避難指示が出されても政府からどの方向に逃げるかの指示がなく、ただ遠くの所に避難しなさいと言われた被災住民は放射能プルームが通り過ぎて行った浪江町の津島地区や飯舘村、川俣町のところに行ってしまい高線量の所に避難してしまった。避難民のほとんどが7、8か所の避難所を転々として、皆混乱して疲労していた。

私は3月19日、小高区の自宅を出た後、原町第一小学校の体育館の避難所に落ち着いたが、残してきた猫たちと原発のことが心配で夜も眠れなかったし、高線量の下で作業をする人達のことを考えていた。大丈夫だろうか？　収束作業で被曝はどうなのかととても心配していた。残してきた猫たちのことは「とんでもないことをした」と翌日から小高区の自宅に戻り猫を捕まえて知人に預かってもらった。

避難所では事故を起こした原発のことが怖くてテレビ、ラジオのニュースも見ない、聞かないでいた。時折、テレビのニュースで第一原発の吉田昌郎元所長が取材され、その都度、笑顔を見せていた。その笑顔が私たちを励ましていると感じられ、彼にも東電の原発事故の責任があるにも関わらず、なぜか彼の存在には事故を最小限に抑えてくれる淡い期待を抱いていた。

そんな期待をよそに第一原発事故の時、当時の管総理大臣が原子力委員会元委員長の近藤駿介から次のような最悪の事態が報告された。

その内容は第一原発4号炉の原子炉建屋上部の階にある使用済み核燃料プールの中にある冷却水がなくなり、その中にある1，535体の核燃料の冷却ができず、そこから発する高い崩壊熱と高い放射線と第一原発事故後の1～3号炉の溶け落ちた核燃料デブリから出る放射性物質のため、放射線量が高くなった第一原発では収束作業が続けられず、放棄・撤退を余儀なくされ、収束作業員がいなくなった第一原発から出る高い放射線で第二原発も放棄・撤退となる。

第一、第二原発ともに収束作業員がいなくなった原発10炉からでる放射線が東日本全体を汚染し、約２５０キロ離れている首都圏の東京も避難指示区域になり、人間がいなくなる死の町となって東日本全体が失われるというものだった。同じく、第一原発の4号炉の最上階にあるプールに大きい余震が来て、プールごと崩落してしまったら冷却水も流れ出て、中にある使用済み核燃料集合体は冷却出来ず、高い放射線が出て、作業員はとどまることができず全員退去で、同じように東京を含む東日本全体が死の世界になるような状況だった。

また、内閣府の原子力安全委員会は原発が事故を起こした時、原子力安全委員と緊急事態応急対策調査委員の専門員を派遣して事故対応に当たり、技術的な助言を行うとする責任を持っていた。が、２０１１年3月の福島第一原発事故の時、現地に駆け付けた原子力安全委員と調査委員はいなく、原子力防災計画を不履行にした。その時の安全委員長は斑目春樹だったが、同氏は原発建設の推進する側にいて浜岡原発住民訴訟の時、被告中部電力会社側の証人として法廷に立ち、「事故を恐れていたら原発など造れませんよ」と無責任なことを公言して周囲を驚かせ、実際、第一原発過酷事故が起こった時には対応ができず、頭を抱えていた人物だった。

また、事故対応と助言する原子力安全委員会には第一原発の設計図・見取図すらなく収束作業に当たる人達を驚愕させた。第一原発事故後、広瀬研吉元保安院院長は原子力安全委員会が原発の安全強化をしようとしたら「寝た子を起こすな」と言って強化をやめさせていた。その発言が明るみに出てから自分の発言を覚えていないと公言して　第一原発被害者たちから「人聞らしくないな、」と批判された。さらに２０１１年3月11日の事故当時の保安院院長の寺坂信明は「自分は事務屋だ」と言って、事故に恐れ慄いていた被害者と国民をびっくり困惑させた。そのことを聞いた私は身体が怒りで震えた。

日本の原子力行政は「原発事故は起こらない」を前提としていたので事務系でも保安院院長にしていた。すぐに寺坂院長は報道陣やテレビから姿を消した。原子力行政のいいかげんさがわかるので姿を隠したのだろう。

第一原発事故を経験して、原発という未完成で危険で異次元の発電装置であり、核のごみの始末さえできないものを社会の中に持ち込んで日本の生産力を上げようと画策したのは55年体制の自民党と日本政府の経済産業省だった。

原発事故後の原発政策は変わると期待した。民主党が政権を取っていた時は、２０３０年代の原発依存率は15％程度にするとなった。しかしその後の12年、総選挙があって自民党が政権を取り、安倍内閣になったら原発政策はまた、以前のように原発維持・核燃料再処理サイクル推進となり逆戻りとなった。

第一原発事故が起こった後、チェルノブイリ事故で大きな放射能被害を受けたベラルーシ共和国政府の人が来日した時、「他国の失敗に学ばない者は自国の失敗で学ぶ」と安全神話のもとで原子力政策を続けてきた日本を批判した。まさにその通りで日本はＴＭＩ事故、チェルノブイリ事故のいずれからも事故の教訓を学ばず、原発維持を掲げてきた罪は大きい。

今までの原発運転で溜まった使用済み核燃料をはじめ高レベル放射性廃棄物等、核のごみなどの後始末はどうするのかは決まっていない。ごみは出した人が片付けるというのが誰でも知っていることだが、原子力推進の人達には原発のごみには知らん顔をして迷惑物を過疎地に押し付けようとしている。

２０１６年2月、環境大臣の丸川珠代が長野県での講演で、私達原発事故被害者は年間20ミリシーベルトまで許容放射線だと言ったあと、「除染の長期目標年間1ミリシーベルトと決めたのには何の根拠もない」と発言して、私達避難民をがっかりさせた。それまで5年間も狭い仮設住宅に住んで、不自由な生活に耐えて避難してきたことが全否定された感じだった。福島県浜通りの双葉郡が東京電力管内で使う電気を供給してきたのは、海に面している貧しい過疎の町で何とか町を発展させたいという切実な願いが危険な原子力発電所を誘致することになった。

東京電力管内には東電の原子力発電は1炉もなく、そこの住民は核分裂による発電で、一度事故がおこれば、高い放射線量のため、収束作業にも取り掛かれない異次元の発電である原発が危険だと思うことない境遇で生活している。

過疎地で原発が稼働している電力供給地の苦労、放射能への苦悩がわからない丸川珠代元環境大臣のような政治家や官僚たちが、国際放射線防護委員会が定めた年間1ミリシーベルト未満を目指すべきだという基準を20ミリシーベルトにしてしまい、被害者を苦しめている。そのような姿勢は安全に暮らす人権や生存権をないがしろにして民衆主義の根幹をゆるがするものだ。

2016年4月に浪江町の至る所に設置されていたバリケードが撤去されて出入りが自由になり、そして避難解除は17年4月だった。浪江町には原発がなかったが、放射性物質（死の灰）による汚染は広範囲でかつ高線量でひどいものだった。そこで自分の目で確かめようと浪江町へ行ってみた。すると復旧は困難で事故以前に戻れるかどうか、復興はできるのか、そして住民は帰って来られるかどうか、より心配になり戻ってきた。

その他にも浪江町には大堀相馬焼で名高い大堀地区や山あいの室原地区があり、そこから津島地区に抜けて飯舘村、川俣町山木屋地区と続くが、事故時の風向きで第一原発から放射能プルームの通り道になり放射線量が高く、その上、3月15日の降雨で土壌にも汚染が染み渡り高汚染となった。せっかく120億円もの税金を使って開発したSPEEDIからの放射線情報を知らせてもらえず、「とにかく遠くへ逃げろ」という政府の掛け声に従って避難住民はこれら高線量の地域に避難していた。

原発事故の広範囲に及ぼす破壊と荒廃、双葉郡がこんな悲惨な状況になることがわかっていたらいくら過疎の町でも誘致しなかったろう。大震災後は安倍晋三首相率いる内閣ができ復興庁もできた。ところがこの復興庁の大臣には疑問符が付くような大臣を任命して、安倍首相の復興に対する本気度も疑われる結果となった。安倍首相は口頭では「福島の復興なくして大震災の復興なし」と語っていたが、それに反するような言動をする人物たちを重要なポストに就けていた。

実際、17年3月11日の大震災追悼祈念式典の安倍首相追悼文では福島の原発事故には言及がなく、福島県民を失望させた。福島県議会と県内のすべての市町村の議会が安倍晋三に抗議文を送り、福島県選出の国会議員にも国会で質問・追及されたのでその後は「福島の復興なくして云々」は言えなくなった。

安倍晋三から復興大臣に任命された今村雅弘元復興大臣は、富岡町が17年4月に帰還困難区域の一部地域を除いて避難指示解除の準備を進めているのを見ていた。そこに今村氏が突如、解除時期は4月ではなく1月にしたらと横槍を入れてきた。このことには当の富岡町ならず、避難させられている人たちに混乱をもたらした。避難指示解除は簡単にできるわけではなく、事前に事務手続きや道路通行工事、広報などの膨大な仕事量が必要で、簡単に4月から1月にしろと言われても対応できない。またそれまで6年も避難指示で我慢して来たのに、寒い冬の1月に避難指示を解除されて喜ぶ避難民がいるだろうか？　また、大震災が起こったのがあっち（東北地方のこと）だったから良かった、と大臣が発言して被災者を怒らせた。

さらに同大臣は自主避難で避難している人たちを「自己責任で避難している」というのは、やはり被害地から遠く離れた東京にいて被害地域のことはわからないからそういう発言が出るのだろう、復興庁は東京でなく被災地や被害地に当然置くべきなのだ。

また２０１６年3月、原子力規制委員の更田委員が「廃炉を70年もやっているか。（やらない。）核燃料デブリを第一原発の事故炉に残す選択肢もある」と発言して、私達原発被害避難者たちを震え上がらせた。更田氏の発言を受けて、当時の規制委員長の田中俊一氏も「核燃料デブリを第一原発から取り出さず、そのままにしておくことに地元の人々の理解を得たい」と発言している。この行政用語の「理解する」は普通の理解とは違い「住民を納得させる」という押し付け的な説得だろう。このことは原子炉も取り壊さずそのままにしてデブリを冷やし続けて、第一原発で最終処分にするということだろう。これが規制委員長から出た言葉だから、そういうことになる可能性はあるので恐ろしさのあまり身が縮こまる思いだった。日本政府は被害住民を帰還させる方針でやってきたが、帰還した後で原発の危険に晒されない生活を送れるかどうか懐疑的だ。

第一原発には危険な核物質である使用済み核燃料集合体も、まだ１４，０００人も残されていて、第二原発でも、12,000体の使用済み核燃料集合体が原発敷地内に残されている。

原発事故で出た汚染土壌、汚染水などは、事故地で処分するロンドン条約があるそうだ。そうなると中間貯蔵施設に貯め置かれた汚染土壌はそのままで、そして増え続ける汚染水などは双葉郡、相馬郡の海に流されてしまい、被害者と子孫は長い間苦しむことになる。今の原子力規制委員長の更田氏がトリチウム水は希釈して双葉、相馬の海に流すと言っているのは、地元住民の意向を無視し政府や東電の意向に沿った安く済ませるための言い訳に過ぎない。

また、地震や津波が再襲来したり、大雨に見舞われて高濃度汚染水が海に洩れ出たり、使用済み核燃料集合体やデブリに不測の事態が起こったら再避難しなければならなくなる状況も残っている。汚染土壌の中間貯蔵は2045年3月12日までだ。政府は最終処分地を早く決めて、放射能汚線物質を相双地区から無くして欲しい。

けれども更田発言から数か月後の2016年7月15日、今度は第一原発の廃炉技術を研究する「原子力損害賠償・廃炉等支援機構」理事長山名元が唐突に石棺方式を持ち出して、核燃料デブリをそのままにしておく可能性もあると発言して、福島県民と私達浜通り被害者を震撼させた。石棺方式は絶対に認められない。

また、原発の過酷事故もあったし、電気の地産地消の話も出てきているので浜通りに発電所はもうこれきりかなと思っていたが、2016年10月、相馬市に「相馬港天然ガス火力発電所」ができると発表され、石油資源開発、三井物産、大阪瓦斯、三菱化学ガス、北海道電力が発電を行い、それぞれの地域に電気を移出するという。

原発事故後、電気の地産地消が進むかと期待していたが、相馬郡、双葉郡での電気産出産業は続くようだ。これらの火力発電所から作り出された電気は日本国中に移出されるのだろう。

原発いらない集会

チェルノブイリ事故被害者との交流会

三、福島県の原発

1、農業県であり、発電県・電力移出県である福島県

福島県は北海道、岩手県に次ぐ全国3位の広い面積を誇り、農業県であり豊かな水をたたえた水田を擁し、水田がもたらす環境保全のおかげで自然と風景の美しさがきわだっている県だ。県内には猪苗代水系、尾瀬水系があり水が豊かで、平地あり、山ありの変化に富んだ美しい自然、空気のきれいな県土を誇っている。太平洋にも面していて福島沖辺りの海は寒流の親潮と暖流の黒潮がぶつかる海域で常磐の海と呼ばれ、多種の魚が生息する海にも恵まれている。

この福島県は阿武隈高地と奥羽山脈で縦3つの地域に分けられ、気候、風土、産業などの観点から3地域がそれぞれの特徴をもっている。太平洋側から浜通り・中通り・会津地方に分かれ、気候も違えばそこに住む住民の気質まで違っている。

浜通りは太平洋に面しており、茨城県と接するいわき市は人口が密で、産業・商業も発達しているが、いわき市を除く他の浜通り地域の双葉郡と相馬郡は、両地域ともこれと言った産業がなく働く所がなく、また観光資源も乏しく過疎化に悩んでいた。

そして農業生産が主な産業だったので自民党と日本政府の工業重視、農業軽視政策により一層、過疎の地域になった。住民の気質は他の過疎地の人々と同じように静かでおとなしく、自己主張はしない、自分の意見を強く言わない、周りの人々の意見に左右されやすいなど従順な人が多い。

日本政府のエネルギー政策により、東京電力が1950年代に原子力発電所導入を決めるに当たり、原発立地をどこにするかと考えた時、福島県双葉郡、相馬郡（相双地域）を候補地としてあげていたのは想像に難くない。

福島県自体、明治時代からの発電県で電力供給・電力移出県で東京電力とは深い関係があった。また双葉郡・相馬郡は太平洋に面した貧しい農村地帯で、「水が命」で海に面していなければならない原子力発電所立地には電力会社にとって適した地域だった。首都圏にも近く、一方、双葉郡・相馬郡の各市町村は、過疎で貧しい地域から脱却したいと願っていた。

中通り地方は縦3つに分けた真ん中の地域で、東北新幹線、東北自動車道が走り、福島市、郡山市、須賀川市、白河市といった人口密集地帯があり、官公庁、商業、各種産業、観光業も栄え人々が集まる地域として賑わって発展してきた。

人口が多いので競争も激しく人を押しのけても行くという強い人が多く、浜通りの双葉・相馬のおとなしい・自己主張をしない人々の気質とは大いに違っている。

会津地方は猪苗代町、会津若松市、蔵で名高い喜多方市、南会津地域、広大な森林を擁する只見地域から成り、幕末の戊辰戦争で幕府方で戦ってきた歴史がよく知られており、その遺産が観光資源となって発展してきた。また、会津若松市は仏都としてもにぎわっている。細菌学者の野口英世博士や会津藩校の日新館から幕末と明治期に傑出した人材を数多く輩出して、幕末の出来事と観光でよく知られた地域だから、福島県イコール会津と思っている人が全国にはたくさんいる。また、福島県に海があったのかなどと聞かれたこともあった。

福島県の主な産業は農業だが、全国屈指の電力生産県で電気を他都県に移出しているのはあまり知られていなかった。広い県土にある豊かな水を使った発電は、古くは明治時代から猪苗代水系・尾瀬水系の水を使った東京電燈（当時の東京電力）や東北電力の水力発電が行われてきた。また、尾瀬水系から発する阿賀川の奥会津を流れる只見川の大量の水を使った水力発電所が電源開発、東京電力、東北電力の電力会社によって約二十数か所でダムが築かれ運転されてきた。

只見地域は「ただ見ているだけでも美しい」ということから付いた地名だが、秋の紅葉の美しさでは日本有数の地域だ。その只見地域を流れる只見川は水量が豊富なため流れに沿って点々とダムが造られて水力発電で電気を生産し、他府県に移出している。その中でも田子倉ダムは１９６０年代当時、東洋一の水力発電所の規模を誇り、中学、高校の教科書にも載っていた。しかし、住民にはダムのために住家を水没させられたり、他地区への移転もさせられたりとその弊害も多かった。

水力発電所だけでなく、いわき市を中心とする常磐地方には常磐炭鉱もあり、ここで産出した石炭を使った火力発電所へ石炭を供給していた。福島県は水力と火力発電の一大産地だった。農業を除けば発電事業は福島県の単一産業であった。

２０１１年の東日本大震災が起こる前年、２０１０年は日本国中を猛暑が襲い、各地で観測史上最高温度を記録した猛暑の夏だった。古来、異常気象と天変地異は関連があるので、この異常気象から何か悪いことが起こらないようにと願っていた。

しかし翌２０１１年3月、東日本大震災が起こり、地震、津波の被害も甚大ながら、福島県には原発災害が加わり、地震、津波、原発災害の3重災害に見舞われた。同年7月、今度は新潟・福島県境地域に大雨が降り、福島県と新潟県境を流れる只見川が氾濫し、流域住民の家が流されるなどの大雨災害が発生した。只見川に沿った水力発電所の底の浅いダムが濁流を引き起こし、ダム周辺の住民に水害、家屋流出の大被害が起こった。

２０１１年は福島県浜通りで原子力発電所の過酷事故、そして奥会津の只見川流域では大水害により水力発電所ダムが決壊して大被害が出て、いずれも発電所がらみで住民に大被害と苦悩を与えた年だった。

明治時代から発電県であった福島県は1950年代、日本政府が原子力発電所建設を決めた時から原子力発電所に関心を持っていた。当時の知事故佐藤善一郎に原発誘致を進言したのはいわき市出身の大井川県議だった。また福島県と東京電力は水力・火力発電所で強い繋がりを持ってきた。

双葉郡は1950年代から県庁に自分たちの地域を何とか活性化させたいと相談を持ちかけていて、原子力発電所誘致を考えていた福島県庁と佐藤善一郎元知事にとっては好タイミングだった。政府が進めている原子力発電所を双葉郡・相馬郡に誘致して、原発によって過疎化を食い止めようと画策していた。

佐藤善一郎元知事は相双地区の首長たちに「あんたら原子力発電所を誘致してみたらどうだべ」と原発誘致を持ちかけていた。

そして過疎地脱却方策で元知事に熱心に相談していた双葉郡の首長たちは「政府のやるごとに間違いはねえべ」として原子力発電所の危険性には考えが及ばず、誘致地となった。当時は外国から買ってくる日本の原発の黎明期で原発の危険性のついては知られていなかった。

また福島県は発電県のよしみで原発誘致を掲げ、1960年に原子力産業会議に加盟し、61年、佐藤善一郎元知事が東京電力の申し入れを受け入れて原子力発電所誘致計画を発表した。

福島県は全国に誇る保守王国でもあった。

東京電力が「水が命の原発」は地下水の豊富な所でないと設置は難しいというので、福島県は原子力発電所立地調査を行い、大熊町と双葉町が東京電力が原子力発電所設置条件としている地下水に恵まれているとして適地と判断した。そして、福島県開発公社（後に福島県土地開発公社となる）が原発用地の買収をすることになった。

原発誘致は大熊町と双葉町の町民を蚊帳の外に置いて、町長と町議会と議会長、町の有力者が中心となって精力的に働いて誘致し、64年原発建設を発表した。そして大熊町内の大野駅前に東京電力が福島調査所を設置した。

原子力発電所誘致を決めた佐藤善一郎元知事は57年から64年まで知事職にあった。この時の東京電力の副社長は福島市の隣町、梁川町出身の木川田一隆で同郷のよしみで誘致の話はスムースに進み、そして双葉郡・相馬郡に14基の原発を造ることになった。

双葉郡に原発が集中することに佐藤元知事は危惧をもっていて、その危惧を木川田に話したところ、木川田は「何かあったら腹を切る」と言っていたが、２０１１年原発事故が起きた時は鬼籍に入っていたから、責任を取ることはなかった。

原発を誘致する地域は浜通りの双葉郡と相馬郡だ。地元の町長、村長達から原発は原爆のように危険な物ではないかという声がでたが、「原発と原爆は違う」との一言で騙されていた。

佐藤善一郎の次に知事になったのは通産政務次官をつとめた木村守江だった。四倉町出身の医者だったが、代議士になり通産省、建設省関連に携わっていた。確実視されていた大臣の椅子を蹴って県知事になったということで強い権勢を誇った木村保守王国を作り上げた。

この木村知事はまたの名を原発知事ともいわれ、通産省出身で原発推進の旗振り役だった。木村知事は首都圏から遠くなく海に面している浜通りを世界一の原子力発電所センターにするという無謀な野心を持っていた。

浜通りは直線距離にして120キロ位しかない。木村の野心に沿ってこの海岸線に64年発表の大熊町・双葉町に東電第一原発6炉、第一原発から南に10キロの富岡町・楢葉町に東電第二原発110万キロワット4炉建設を66年発表し、その上第一原発から北に10キロの浪江町・小高町に東北電力浪江・小高原発100万キロ4炉建設を68年内定した。この時点で14炉の原発設置が発表されていた。その後、双葉町に出力138万キロワットの第一原発7号炉、8号炉を造ることも双葉町が熱心に進めていた。

また、相馬市の海岸隆起の上にある蒲庭温泉にも原発建設の食指を伸ばした。浜通りは原発だけではない。海があるので相馬港を大がかりに整備して石油やガス、石炭の海上輸送がしやすいからと浜通りに大出力火力発電所も4か所造られた。

仙台空港から東京行きの飛行機に乗ると空からこれら発電所がはっきり見える。仙台飛行場は福島県寄りの岩沼市にあり飛行場を離陸したらすぐ、右側に新地町の火力発電所、そしてすぐに東京電力と東北電力共同の相馬共同火力発電所が見え、少し飛ぶと南相馬市原町区の東北電力原町火力発電所１００万キロワットが2基も見えてくる。さらに少し飛ぶと双葉郡大熊町と双葉町の東京電力第一原子力発電所6炉、次に富岡町・楢葉町の第二原子力発電所4炉が現れる。またすぐに規模が大きい広野町にある東京電力火力発電所、次はいわき市上空を飛んでいわき市勿来にある東電と東北電力の共同火力発電所があり、７か所の発電所でまさに発電所銀座と言われている。

原発誘致を決めた時の政治家には原発建設に邁進した地元出身の政治家がいた。双葉町新山《しんざん》出身の天野光晴も県議時代から「双葉を良くしたい」との思いから危険な原発誘致に手を染めていた。木村元知事と天野光晴は同時代に原発誘致・建設の同じ目標で福島県政に関わっていた。天野は自民党の県議から衆議院議員になり、やがて建設大臣にも就いた。そして「東京電力のような大会社が来てくれれば双葉は安泰」と原発誘致に心血を注ぎ、建設に突き進んで行った。

代議士天野光晴の後援会長は東京電力社長の木川田一隆であり、共に双葉郡を世界の原子力発電所センターにするために働いていた。原発の集中立地がある福島県、福井県、新潟県、青森県などは保守王国と呼ばれ、「水が命」の原発建設には無くてはならない海があって自民党の国会議員が多い県だった。天野と同時代に衆議院議員であった相馬市出身の斎藤邦吉も原発誘致・建設に力を振るった。斎藤は自民党の幹事長も務めた実力者で、浜通りを世界一の原子力センターにするために木村原発知事ともども自民党の総力をあげて働いた。

また、斎藤邦吉一家は原子力発電関連産業に関わっていた。１９７０年代の総選挙の時、当時の小高中学校体育館で行われた立会演説会に斎藤邦吉の子供と自己紹介する男性が演壇に立って演説した。その時「自分はフジ電機に勤めている」と言っていたので、原子炉メーカーの一社だとピンときた。斎藤の妻も原子力共同体の建設会社の一員で、一家そろって原発関連事業から恩恵を受けているので、斎藤邦吉代議士は原発建設に熱心なのだと得心した。原発を誘致される双葉郡・相馬郡の地元過疎地の貧しい住民は「原発はおっかない」と原発反対運動をしているのに、推進する側の地元出身の代議士一族は東京に住んで原発メーカーから多大の利益を得ていた。

斎藤邦吉は旧制相馬中学を卒業するまでの10代の半ばまで相馬市にいたが、人生の大部分は東京都に住み、そして地元と言っていた相馬郡・双葉郡に原発を誘致して私達、地元住民を長年苦しめてきた。斎藤邦吉は福島第一と第二、浪江・小高原発にも地元出身の国会議員として関わってきた。

自民党政権は原発推進をかかげて、その実行部隊は通産省（後の経済産業省）と科学技術庁だったので、推進の節目、節目には立地させようとする地元選出の国会議員を通産大臣、科学技術庁長官に抜擢していた。会津選出の渡部恒三が通産大臣になったのも東電福島第一、第二原発があったからだ。

１９６４年に原発建設のために大熊町の大野駅前に東京電力福島事務所ができ、建設の準備にとりかかった。64年は東京オリンピックが開催された年だが、その年から中国で核実験が行われ始め、ラジオでそのニュースを聞いて恐ろしく、そのニュースを聞いた時から最初に降る雨が放射能汚染雨ではないかと私は恐れた。

その後、福島県の原発は１９６８年に結んだ日米原子力協定「商業用軽水炉導入のための包括的１９６８年協定」とともに、ターンキー・出来合い原発の危険性を顧みず、ただ日本経済発展のために第一原発に6炉＋2炉、第二原発に4炉、浪江・小高原発に4炉の原子力発電所を16炉設置するために動いて行った。

2、原発政策の失敗をプルサーマルでやり直し

原子力発電所は50年代にソ連、アメリカ、イギリス、カナダなどが研究開発、製造して、運転を開始した当初から、核分裂の後でできた使用済み核燃料をどう処分するかがわからないまで稼働してきた。

使用済み核燃料は人間がそばにいたら十数秒で死に至る恐ろしい核物質で、原発が運転し続ける限り出てくる。

原子力発電はフロント・エンドとバック・エンド（後始末）の2つから成りたつ。フロント・エンドは核燃料集合体を原子炉に装荷して核分裂させるまでがフロント・エンドで、核分裂した後にできた使用済み核燃料をどう処理するかはバック・エンドにはいる。

日本の原子力発電政策はフロント・エンドという外国から発電用原子炉を買ってきて日本の海岸に設置して、運転しようという事に頭がいっぱいで、原子炉で核分裂させた後にできる危険な使用済み核燃料をどうするかというバック・エンド対策はやってこなかった。

原子炉を運転させてできる使用済み核燃料がどんどん溜まるにつれてこれら使用済み核燃料をどうするかが70年代から問題になった。

各原子炉建屋には使用済み核燃料を一時的に貯める場所として、使用済み核燃料プールが原子炉建屋の最上階に置かれている。原発を運転すると当然ながら使用済み核燃料が増え続け核燃料プールはいっぱいになる。崩壊熱を出し続ける危険な使用済み核燃料は日本の場合、全量再処理して、MOX燃料として高速増殖炉もんじゅで核分裂して発電させる方法を採用すると言ってきた。いわゆる核燃料サイクル事業だ。しかし文献翻訳で決めた「もんじゅ」は動かなくて、貯まり続ける使用済み核燃料をどう処分するか方法がなく、その上危険な使用済み核燃料棒を絶えず冷却し続けなければ、核燃料棒から放射性物質が環境に漏れ出す。

長年、原発はトイレのないマンションと言われてきたように、原発から出た汚物（使用済み核燃料）を処分できず貯める以外に方法がない。

再処理とは原子爆弾を造る工程だが日米原子力協定88年協定により、原子爆弾を造らない日本も再処理できるようになった。1979年アメリカTMIで炉心溶融事故が起こり、そのためアメリカは自国内で核発電を造ることを凍結した。が、その代わりに日本が国内に原子炉（原発）をたくさん造りアメリカの核戦略に貢献してきた。

1988年に日本が原子力立国として進むためにはどうしても必要な「使用済み核燃料再処理」ができる日米原子力協定「包括事前同意方式」がロン・ヤス、（ロナルド・レーガンと中曽根康弘）との間で締結された。この協定以前では日本が使用済み核燃料の再処理をやる時はその都度、アメリカの同意が必要だった。ところがこの88年協定は事前に決めていた事の範囲内なら再処理もできるという協定で、日本が再処理をやりたい時は、アメリカに伺いを立てることなく出来るようになった。これで原子力立国への足掛かりができた。この協定の下で93年、各電力会社が共同出資して作った日本原燃が六ヶ所村に再処理工場建設を始めた。そして98年には六ヶ所村に使用済み核燃料の搬入を開始した。しかし再処理工場は試験運転からトラブルが続き、高レベル放射性廃液が漏れ、作業員が被曝する事故も発生し、現在も稼働には至っていない。

日本は核爆弾の原料になるプルトニウムを貯めないという国際的取り決めに違反しながら、貯め続け、2020年現在46トンものプルトニウムを貯めている。そしてプルトニウムを核分裂させて発電するもんじゅも運転できず、にっちもさっちも行かない状態で行き当たりばったりでやってきた原子力行政の中で、考えに考えて出したのが当初はやらないとしてきた「軽水炉でプルトニウム混合酸化燃料MOX燃料を核分裂させるプルサーマルという」方法だった。

プルサーマルはウラン燃料を核分裂させる軽水炉で、プルトニウム混合酸化物であるMOX燃料を核分裂させて発電する危険な方法だ。本来は高速増殖炉で使うMOX燃料を高速増殖炉は難しくて実現できないので、代わりに軽水炉で再利用しようとした。

こうした安全面に問題がある状況でもプルサーマルを推進するのは、余分なプルトニウムを溜めこんでいるという国際的な批判をかわすため、プルトニウムを軽水炉で核分裂させ減らしているとと見せつけるためだ。日本各地の原発の3号炉はプルサーマル炉にしていた。

福島第一原発事故でも3号炉がプルサーマルを行なっていたので、事故が起きた時の爆発は威力が強く黒い煙が空高く舞い上がり、原子炉建屋をこっぱ微塵にしてプルトニウムでできたＭＯＸ燃料の破壊力の強さをみせつけた。そしてアメリカの核専門家が爆発した時、臨界事故が起こったかもしれないと警告した。環境汚染でも軽水炉とは桁違いで、プルトニウムが原発周辺で観測された。


双葉郡の住民たちはプルサーマルで事故が起きて爆発を起こし、環境が汚されるのを危惧して実施をやめさせようと猛烈に反対していた。ところが双葉郡の原発立地4町の町長たちはプルサーマル開始で政府から多額の助成金が得られることに目がくらんで、双葉町の町長が中心になってプルサーマル推進の組織を作り住民懐柔に動いた。

双葉郡では選挙があるたびに「待ってました」と、東京電力から資金と選挙運動員を大量に動員してもらえる東京電力推薦の立候補者が勝っていた。その結果、町長、町議会議員は東電の息のかかった人達が占めていた。こうした東電寄りの町長や議員たちがプルサーマル発電を推進していた。

１９７４年、原発立地市町村を宥和するために電源三法ができた。電源三法は建設会社関係者のために作った法律かと思われるほど、箱物建設以外には使えない交付金だった。箱物を造ると維持管理費が発生するが、それは電源三法の資金では使えないものだった。

運転初期の頃は、原発が新しいので交付金・固定資産税がたくさん入るが、運転年数が長くなると、償却費が年々積もり固定資産税も少なくなる。勢い各立地町村で造った箱物に係る維持・管理費が負担となり財政にも赤信号が灯る。その結果、また原発を造るということになる。

電源三法は立地自治体の財政が悪くなって、その結果、もう1炉原発を造りたいというのを意図して作った法律のように思われる。原発は麻薬のようにそれなしでは生きて行かれなくなる危険物だろう。双葉郡では双葉町が交付金の使い方に失敗し、特別地方交付金団体になる一歩手前だった。


71年に運転開始から88年の佐藤栄佐久知事就任まで第一原発は各種の事故を起こしていたが、木村守江元知事と松平勇雄元知事の時には隠ぺいして県民には知らせていなかった。しかし、佐藤栄佐久が知事になってから事故は許さないと厳しい態度で臨んで、政府の原子力発電政策・行政に異議を申立て、県民の盾となって政府に注文をつけてくれた。佐藤元知事は就任翌年1989年、原子力安全対策課を設置した。それでも事故は相変わらず多発した。

東京電力は双葉郡に原子炉を設置する時から「原発は安全ですから住民は安心して下さい」

「原発は安全です」と騙し続けてきたが、自らも騙すという結果になってどんな事故がおきても原発は安全だと思い込んで来た。津波対策を採らなかったこともこの延長線上にある。

２００２年プルサーマルをやりたくて資源エネルギー庁の課長が中心となって双葉郡の全戸に「プルサーマルと原子力安全」というチラシを配って歩き回っていた。しかしプルサーマルに関しては、双葉郡の住民はプルトニウムという猛毒中の猛毒を核分裂させて核エネルギーを作り出すプルサーマル発電に恐怖を感じて、プルサーマル導入には恐れとともに強く反対していた。これを見ていた佐藤栄佐久元知事がプルサーマルに関して県庁内に勉強会「核燃料サイクル懇話会」や故吉岡斉が講師として参加していた「県エネルギー政策検討会」を作り議論を進めようとしていた。が、これが政府・経産省プルサーマル推進官僚から目の仇にされ、資源エネルギー長官河野博人が「プルサーマル、核燃料サイクルは国策であり力ずくでも進めて行く」と立地・周辺住民の恐怖心を顧みず、原子力村の政策を押し通そうという意思が見えていた。

また県議会自民党からも原発推進のためにならないと圧力がかかった。佐藤栄佐久元知事は住民がプルサーマルに恐怖を抱いているのをみてプルサーマル発電には慎重な態度を崩さなかった。このため佐藤栄佐久元知事は原発推進の政府、原子力委員会等から原発推進に協力しない良からぬ知事との扱いを受けていた。

四、東電福島第一原子力発電所

1、双葉郡と相馬郡

１９５４年、原子力予算が国会を通ったことから、核（原子力）の知見がなかった日本でも外国から原子力発電を買ってきて国内に設置し、運転させて核エネルギーで電気をつくることになった。日本に原発を設置しようと１９５０年代に「原子炉等設置法」を作ったが、この法律自体差別法だった。危険な原子炉を人口密集地帯に作ってはならない、しかし、海岸がある過疎地の人口希薄地域ならいいとあった。原発は核の平和利用というが、スリーマイル島事故、チェルノブイリ原発事故と福島原発事故でたくさんの人を死に追いやり、豊かな土地を住むことができない汚染地にし、また住民を不幸のどん底に落としている原発は平和利用とは決して言えないだろう。

東電が原発用地として目をつけたのが大熊町の長者が原で、３５０万平方メートルの土地だった。その土地は海抜35メートルの海岸隆起した台地にあり戦時中は陸軍磐城飛行場があった。戦後その飛行場を買い受けたのが元衆議院議長でコクド社長であった堤康次郎だった。堤は飛行場を製塩所にして製塩業を営んでいたが、しばらくして製塩業はなくなり土地だけがそのまま残った。101万平方メートルあるその土地に目をつけたのが東京電力で広大な原発用地の3分の1は堤・コクドの土地で、残りが住民の土地だったので用地買収は容易に進んだ。

1964年に大熊町の大野駅前に東電の事務所ができ、用地買収は進んで行った。その頃は今と違って、原発が危険な発電所であるとわからなくて反対運動もなかったが、住民の中には恐ろしいと言って反対する者たちもいた。しかし原発予定地の土地所有者は農業で生計を立てていたが、東電で働くという条件で土地を手放していった。

浜通りに第一原発、第二原発を誘致する話が出ていた頃の50、60、70年代は、福島県は保守の贈収賄王国だったから、これら原発は賄賂で造られた原発と言っても過言ではない。実際、県庁幹部たちには盆、暮れに原発関連企業から各幹部宅の部屋がいっぱいになるほどの付けとどけが贈られていた。

東京電力は福島第一原発にアメリカGE社の沸騰水型原発をターンキー契約で設置した。ターンキー契約とはアメリカの出来合いの既製品の原発をそのまま双葉郡の海岸や他の立地地にも設置することだ。

アメリカの原発を日本の海岸に設置するには、本来なら日本の地形、自然災害、4つのプレートの境界線上に日本列島が乗っている事や、国土が弓なりで窮屈なこと、地下水の状況などを考慮して、日本国の実情にあわせてＧＥ社の設計仕様を変えて設置するものだろう。しかし東電はじめ日本の電力会社はそんなことをすると余計なコストがかかるのでコスト増を避けるため考慮することはなく、何が何でも原発を運転させるという方針のもとで原発設置が決められていった。

そして東京電力はＧＥ社の軽水炉を実証済みの完成品としてそのまま日本国内に設置したが、その頃、アメリカの軽水炉を導入しようとしていた海外諸国は、自国の事情に合わせて、独自の技術開発を進めていた。

当時の西ドイツでは巨費を投じてアメリカの軽水炉を西ドイツ型原子炉に研究・開発していたし、フランスもアメリカから技術を買い取って独自技術を開発していた。イタリアも独自研究していた。日本だけが早く原発を買って、過疎地の海岸に設置して稼働させたいとの一心からアメリカＧＥの軽水炉を実証炉として、独自研究・開発しないで、出来合いの原発をそのまま日本の海岸線に設置した。

後になってＧＥ社の原子炉は実証炉ではないことがわかった。ＧＥ社の沸騰水型原発・マーク１型は原子炉格納容器が小さくて安全を保障できない、住民を守ることができないとＧＥ社の技術者がやめていった原発だった。

東京電力はターンキー契約で安く原発が買えると安さに目を付けてＧＥ社と購入契約を結

んだ。そして東電はＧＥ原発を設置するのに双葉郡の地形、自然災害、地震、津波のことは考えようとしていなかった。双葉郡には双葉断層という活断層が走っている。また、１９３８年、マグニチュード7・5の塩屋埼沖地震が発生して大きな被害が出た。チリ沖地震の津波にも襲われた。大熊町と双葉町の第一原発用地は海岸隆起による海抜35メートルの断崖絶壁の上にあった。が、ターンキー契約に基づいて35メートルあった高さを25メートル削り取って基準海水面から10メートルの高さにしてしまった。海から海水を取りいれるのに10メートルの高さだとＧＥの設計仕様通りで、余計な変更をして建設コストが多くかかるのを回避することと運転開始後の維持・管理費を安くするためだった。地元・大熊町では町民が「高波がきたら原発が水につかる」という不安の声が上がっていたが、政府・東電が無視した。

第一原発1～4号炉の基本設計はＧＥ式を採用した結果、1～4号炉の重要機器である非常用ディーゼル発電機が、原子炉建屋より海側に位置するタービン建屋の地下一階に置かれる設計だった。非常用ディーゼル発電機で発電した電力を各機器に分ける電源盤も同じく地下にあった。過酷事故が起きた時、最後の砦となるディーゼル発電機と電源盤の重要な設備をより津波の水がかぶる危険がある海側の所に設置した。津波など来るはずがないという思い込みだった。

これらの重要機器は東日本大震災の津波で水没し、1～4号炉は原子炉を冷却するための全電源が水没して全電源喪失に陥った。まさに地元住民が心配して騒いだことが現実に起きてしまった。また、外部電源は鉄塔設置のために「造成して固めた地盤は軟弱」という基本の事柄がわからずに造成したため、軟弱な地盤に建てた鉄塔自体が地震で倒れて使えなくなった。これは日本政府と通産省が原発での全電源喪失は起こりえないという慢心があったことに起因している。

1967年に第一原発1号炉・マーク1型の建設が始まり、71年3月にキーを渡されてターンキーして（キー、鍵を差し込んで廻して）営業運転開始した。1号炉は出力46万キロワットだった。GE社の幹部たちは実証炉と言っていたが、GE社の作業員たちは実証済み原発ではないことをよく知っていた。

1号炉は運転を開始して以来トラブルが続き、中でも原子炉壁シュラウドの「応力腐食割れ」と「燃料被覆管の損傷」はテレビでよく報道されていた。第一原発は79年までに6号炉が完成した。1967年、1号炉建設が始まるとアメリカ人の作業員がどっと来て、双葉郡の中心地である浪江町には作業員の妻子が買い物に来ていた。双葉郡の町々にはアメリカ人作業員たちと町民の交流の場も出来ていた。

アメリカ人建設作業員たちはマーク1型原発が実証炉でないことを知っていた。また日本人は誰も原発のことは知らないからと原子炉内の熱交換機を付けるべき方法で取り付けていなかった事など原発に様々な不備がありいつか事故が起こるのを懸念していた。浪江町の友人はダンスサークルで一緒だったアメリカ人建設作業員から「原発は必ず事故を起こすから、自宅にテープを吊しておいて常に風向きに注意して、事故が起きた時にはテープの流れる方向には避難しないように」とアドバイスを受けていた。そのアドバイスの通り友人は洗濯竿にテープをつけておいて、2011年の原発事故時に北西への風向きをテープが流れる方向に見て、流れる方向の直角にあたる南相馬市原町区に逃げて来た。しかし、双葉郡の住民の大部分はテープが流れる方向である北西方向の県道114号線（福浪線）沿線にある浪江町津島地区や川俣町、福島市へと風向きの方へと避難してしまった。その福浪線・114号線あたりは放射能プルームが吹いて行った所だった。第一原発立地町や周辺町村役場は政府や東電から何の情報も来なかったのだから、逃げる方向がわからなく高線量の場所に逃げてしまった。こんな時こそテープ方式を使って住民を風下でない方向へ避難させた方が良かった。また、SPEEDIからの放射線分布情報もなかった。立地町や周辺町村役場は東京電力から洗脳を受けて、原発は安全と信じて疑わなかったので常に風向きに注意を払う等の事故時に備えておくということはなかった。

1号炉は営業運転を開始してから、様々な事故を起こしていた。そして地元の住民は原発から放射能汚染物質や環境に悪い物質が出てくると心配になっていた。反原発の住民たちは原子力・核関係者に来てもらって原発と放射能について勉強会を開いていていた。反原発の原子力学者達は報酬なしの手弁当で旅費も自分持ちで来て放射能について学習会を開いてくれたのが救いだった。第一原発は1号炉から6号炉まで重大な事故を起こしていて、その上、事故を隠していて地元の人達から「ぼっこれ原発」と呼ばれていた。地元の人ばかりではなかった。世界の新聞、雑誌、テレビ、ラジオ等の報道からも「世界一危険な原発」と名指しされていた。その上、塩屋埼沖地震から70年以上も経っていたのでいつ、大地震と大津波が襲って来るかと心配されていた。そして、東日本大震災の大地震と大津波による全電源喪失に陥り、過酷事故が起きた。

2、原発労働者が危ない

1971年に運転を開始した第一原発はよく事故を起こす「ぼっこれ原発」だった。高濃度汚染水が漏れ出たのを始め、シュラウドにひびが入ったのをそのままにして運転していた等、枚挙にいとまがなかった。ただ、そこで働く作業員は地元の双葉郡の人々だった。双葉郡の人々の間に白血病、がん等の放射線特有の病気になる人が増え、第一原発は被曝者製造炉と言われていた。故障も多く、蒸気配管や原子炉容器壁（シュラウド）のヒビ割れ修理などは被曝線量の高いもので危険だった。しかし東電は修理する時も炉を止めないで核分裂している最中に修理させていた。

70年代に稼働した原発で働く下請け労働者のうち、76年末までに75人が放射線被曝で死亡した疑いがある。78年度の全国原発労働者被曝線量のうち、25・8％が第一原発1号炉で占められ、第一原発1～6号炉までは61％を占めていた。当時の代議士楢崎氏が国会で追及した原発作業員死亡者数は日本原電東海18人、同敦賀7人、東電福島第一29人、中部浜岡3人、中国島根4人、関西電力美浜14人と中でも東電福島第一が29人と最多だった。この国会質問に対し科学技術庁は「自然発生の死亡率との差はない」「放射線被曝が直接の死因ではない」と冷たく言い放った。科学技術庁は「原発検査の時、被曝するから科学技術庁の職員は出さない」と言っていたが、作業員の死には関わらない姿勢だった。

原発内では定期検査や故障時の修理に大量の下請け労働者が動員され、放射線管理区域で放射線を浴びながら作業をしていた。放射能に怯えながらの作業なので様々な事故が起こり被曝するが、電力会社は隠蔽していた。

電力会社は被曝して癌や白血病になるには5年間被曝しなければならないと言っていたが、1975年前後、福島第一原発で働いていた作業員の不可解な死が急増し、双葉地方原発反対同盟が調査したのが国会質問にでた25人の死だった。そしてその死因は白血病やがんなどの放射線被曝特有のものだった。

また、東電は重要機器で事故、故障が起きて修理する時、原子炉を止めず、多くの作業員を危険に晒して修理することが知られていた。原子炉を止めると一日数億円の損失が出るから、それを避けるため、作業員の命は金銭損失よりも軽いとして原子炉を止めないで修理させていた。原発は差別の発電だろう。外部から見学に来る人たちにはきれいでチリやゴミのない所を見せて「ほうら、きれいでしょう」と電力会社の社員は説明する。しかし見学者が行かない発電作業では、高い放射線量のもと、第何次下請けの作業員が危険な作業をして外部被曝、内部被曝を繰り返して5年ほどでがんや白血病を発症してしまった。

プラント配管が専門の平井憲夫氏は１９７０年代に日本に原発を造るというので現場監督としてスカウトされて原発の中で働いた。

平井憲夫氏の手記によると、原発は毎日被曝者を作り差別を作っていた。70年代から軽水炉（原発）が運転開始して以来、事故が頻発に起きたので「運転管理専門官」という新しい役職を作って各原発に置くことが閣議で決まった。原発の新設や定期検査のあとの運転の許可を出す重責のある役職だった。ところが、その専門官が原発に関しては全くの素人で折からの行政改革で農林省の役人が余っているからその人達を、翌日から運転管理専門官として赴任させたというのを、原発を推進するために作られた科学技術庁の職員が名乗って証言した。

1992年福島第一原発2号炉で非常時の電源であるＥＣＣＳ緊急時炉心冷却システム、及び原子炉隔離時冷却系が作動する大事故が起こった。この時も「運転管理専門官」は事故のことは知らされず、蚊帳の外に置かれた。これは素人である「運転管理専門官」に火事場のような大混乱の中で事故の説明を出来るはずもなかったからだ。

第一原発は作業員の被曝や死亡事故も多い原発として世界中に知られていた。1973年6月、第一原発が運転開始して2年後、1号炉の放射性廃棄物処理建屋から放射性物質を含む廃液が外部に流れ出た。深刻な事故だったが、事故の通報が大熊町・双葉町には最後になされた。事故が起きたら立地自治体はいち早く住民を避難させる等の対応をしなければならないが、発電所からの通報が最後では迅速な対応は取れない。これを問題視した大熊町・双葉町は東京電力・福島県を入れた三者協定を結び、いち早く知らせが来るように改めさせた。

2002年、原子力災害対策特別措置法に基づく緊急事態応急対策拠点施設・オフサイトセンターが大熊町に完成した。この措置法は99年のＪＣＯ臨界事故で政府と経産省が急いで作った法律だ。この法律に基づいて各原発立地地にオフサイトセンターを造った。オフサイトセンターは事故時には収束作業の拠点となるべく、そのための重要機器が備えられていたが、実際の原発事故では役に立たないセンターだった。残念なことだが第一原発の過酷事故の時には、オフサイトセンターの職員と東電社員の家族たちが住民より先に逃げていたとは浜通りの人なら知っている事だ。

同02年、原子力安全・保安院と東京電力が癒着して原発のトラブル隠しをしている事が、アメリカＧＥＩＩ社員の内部告発文書で明るみに出て東電の会長・南直哉社長・平岩外四の4名が辞任した。その内部告発文書には原子炉圧力容器内の蒸気乾燥器に８００ミリもの深刻なひび割れが3か所も見つかったと書いてあった。この内部告発から東電がトラブル隠しとデータ改ざんをしていたことが明るみになった。

１９８８年に知事になった佐藤栄佐久は福島県民の安全を願って、政府の原子力発電政策・行政に異議を申立て、県民の盾となって政府に注文をつけた。が、双葉郡住民の苦悩を心配してプルサーマル発電に慎重だった佐藤栄佐久元知事に替り、次の知事の佐藤雄平はプルサーマルを認めてしまった。２０１０年11月、佐藤雄平前知事の承認を得て第一原発3号炉はプルサーマル発電を開始した。プルトニウムを軽水炉で核分裂させる一段と危険な発電方式だ。そして翌年２０１１年3月11日、地震と津波に襲われて第一原発1～4号炉の重要機器は水没し、全電源喪失となり原子炉を冷却出来なくなった。第一原発敷地は35メートルあった海岸高を10メートルまで削り取り、大熊町住民が高波が来たら危ないと危惧していたことが現実となってしまった。

津波でスクラップ状態になった乗用車

持って行き場のない、積まれたままの廃棄物

五、東電福島第二原子力発電所

1、福島原発訴訟

1968年、木村守江元知事が第一原発から南へ約10キロの富岡町と楢葉町の町境に東電第二原発 110万キロ原子炉4炉を誘致すると発表した。運転開始は第一原発の71年から遅れること11年の1982年からだった。第二原発は富岡町毛萱地区と楢葉町波倉地区が選ばれた。共に太平洋に面していたからだ。用地は40万坪（1，320平方メートル）あり、第一原発の時と同じように福島県が両町に誘致を持ちかけていて、富岡町、楢葉町の町長、議会議員、役場関係者、地元有力者が誘致に熱心で、一般住民には原発が来ることさえ知らせていなかった。第二原発用地取得には最初に楢葉町側が用地買収に同意し、次に富岡町毛萱地区の住民も東電に働くという条件で土地を手放していった。土地買収現場には木村守江元知事も現れ、知事の顔を立てよと住民に迫っていた。用地買収の時、町役場関係者は原発とは言わないで、工場が来るからその用地が必要だと地権者に言いくるめていた。町の地図を持った役場職員に案内された行政区長は、これほどの広大な土地が必要な工場は何かと聞いたら町長に聞けと言われていた。工場誘致と言いくるめていたのは、実は原発建設の用地だった。

第二原発建設のための土地買収は福島県土地開発公社が主となって富岡町・楢葉町職員とともに土地所有者に買収を迫った。夜討ち・朝駆けの執拗な手口に毛萱・波倉住民は音を上げて、各戸入口に「原発関係者立入禁止」の張り紙を貼っていた。しかし住民の中には様々な事情を抱えた人もいて、働く場所がないのが住民の悩みだったので、東電で働くという条件で土地は少しずつ売却されていった。建設用地が買収できたら鬼に金棒で、日本政府、東電、福島県、立地町長と地元有力者の思惑通りに原発建設に進んで行った。富岡町役場には毎月、黒塗りの高級車が来て町長を乗せて東電の本社に行った。そこで接待を受けて、帰りには中に何か入っている菓子折りをもらってくるのだよと富岡町役場職員の知り合いから聞かされていた。東電にしてみれば迷惑施設である原発を受け入れてもらい、そのおかげで自分たちが多額の利益を得ているので立地町長には大変なもてなしをしていた。第二原発建設でも東電の利害関係者から町役場関係者に接待、贈収賄が盛んに行われていた。

第二原発でも事故が多発していた。昭和天皇が崩御された1989年1月7日の前日の6日、3号炉の再循環ポンプの座金約30キロが原子炉に落下した事故が起った。この事故は何度も警戒音が鳴ったのを無視して運転を続け、3度目の長い警戒音でやっと原子炉を止めて、警戒音の原因を調べたら座金が原子炉炉心に落下していた重大事故で、このまま運転を続けていたらチェルノブイリ事故級の大事故になるようなことだった。それにもかかわらず座金を炉心に残したままの状態で運転を続けても大丈夫という東電の原子力部長の発言に県民は激怒した。この重大事故でも立地自治体の富岡町・楢葉町が、最後に知らされ、立地自治体が蚊帳の外に置かれていることが暴露された。

第一原発は運転開始して以来、よく事故を起こして、そして隠していた。シュラウドにひびが入ったのをそのままにして運転していた等、枚挙にいとまはなかった。そこで働く作業員の間に白血病、がん等の放射線特有の病気になる人が増え、第一原発は特に被害が多かった。第一原発のこうした危険な状況を見ていた浜通りの住民と高校教師が中心となり、1975年、第二原発1号炉の設置許可処分取り消しを求めて福島地裁に提訴した。それは「福島原発訴訟」と呼ばれ404人の原告団が木村守江元知事が許可した公有水面の埋め立て許可の取り消しを求めた。訴状には政府の審査基準について「地震、津波、航空機墜落などの可能性がある」と指摘していた。第一原発過酷事故で東電は「津波は想定外だった」等と主張したが、訴訟上に津波に襲われる可能性が書かれていた。チリ地震津波の引き波を経験している浜通りの住民にしてみたら津波は襲ってくることがわかっていたから、想定外だったというのは的外れだった。

1978年、福島地裁は訴えを退けた。次の第二原発1号炉取り消しを訴えた1984年、福島地裁で原告の請求が棄却された。原告団は仙台高裁、最高裁まで訴えを続けた。１９９０年、仙台高裁では裁判官が政府や原発メーカーの代弁者のように「原発に反対していないで、原発が果たす役割などを重んじなさい」と諭した。１９９２年、最高裁は上告を棄却した。「国の手続き、判断に不合理な点はない」が結論だった。司法も国策である原発政策には逆らわなかった。原発専門家でもない裁判官が複雑、難解な原子力発電のことを知っているはずもなく、政府が決めた全電源喪失はあり得ないから考えなくても良いとする以上の判決は出なかった。また、裁判官は国策に反するような判決を出すと、後々人事面で不利益を受けることになるので、国策反対の訴訟は退けてしまった。

第二原発1号炉取り消し訴訟は地元住民原告の敗訴となり、その後、第二原発は4炉造られてしまった。１炉１１０万キロワットの原発は装荷する核燃料集合体も多く、その分危険性は高くなった。

この福島原発訴訟の原告団団長は富岡町夜ノ森地区の高校教師小野田三蔵先生だった。富岡町夜ノ森地区は桜の名所だが、事故時の風向きで帰還困難地域になり、２０２０年の今でも立ち入りが禁止されている。夜ノ森に自宅があった小野田三蔵先生も、自宅への自由な出入りができない。夜ノ森地区は文教地区で静かで落ち着いた雰囲気の町だった。それが、原発事故とその時の風向きで高い放射線の区域になってしまった。

六、幻の東北電力浪江・小高原発

1、小高にも原発来るんだって

福島県浜通り地方に原発が誘致され、東電福島第一原発6炉、同第二原発4炉が決定していた頃、第一原発から北へ約10キロの浪江町棚塩《たなしお》地区に東北電力の原発4炉が誘致されることが地元住民の頭ごなしに決められた。1967年、浪江町議会が東北電力の原発を浪江町棚塩地区に誘致することを決議した。東北電力の浪江・小高原発と名付けられた。そして浪江町棚塩地区と相馬郡小高町浦尻山《やま》地区の海底の隆起でできた海岸隆起の高い場所に東北電力の浪江・小高原発建設が内定した。相馬郡小高町は平成18年（2006年）平成の大合併により、原町市、相馬郡鹿島町と合併して南相馬市小高区となった。

福島県庁では大熊町と双葉町の第一原発6炉から南へ約10キロの富岡町・楢葉町に第二原発4炉、第一原発から北に約10キロの浪江町・小高町に浪江・小高原発4炉と直線距離にしてわずか20キロ位しかない狭い所に原発14炉を建設・設置してこのあたりを総出力1千3百万キロワットの原子力発電所の集中立地にする計画を立案していた。そして木村守江元知事の野望であった浜通り一帯を世界一の原子力センターにする構想が着々と進められていった。

浜通りの東側の太平洋には深さ1万メートルの日本海溝があり、地震・津波に襲われ続けてきた地域を世界一の原子力センターにするなど無謀な知事だったが、それを諫めるブレーンたちはいなかったことがのちに想像を超えた悲劇をもたらすことになった。

原発予定地の浪江町棚塩地区と小高町浦尻山地区が海岸隆起のがけっぷちの高い所にあるなどは地元の人しか知らない事だったので、ここに原発が来ると聞いた時は浪江町と小高町両役場と町長と町議会が原発誘致に手を挙げてこの場所を東北電力に売ったとピンときた。相双地区は農業が主な産業で、他の農業地域と同じように、豊かに水を張った水田とそれを懸命に手入れする人の努力できれいな自然と国土が保たれてきた。原発誘致は相双地区のきれいな環境とそこに住む住民がその環境のもとで安全に暮らすことを東北電力の原発に売り渡すとした。そして第一原発営業運転開始1971年の前年頃から県土地開発公社職員と浪江・小高両町職員が原発用地買収のため、棚塩地区と浦尻山地区に出没していた。小高町浦尻地区は私と家族が当時住んでいた地区の隣で、浦尻に原発が来たら、白亜の原子炉建屋を朝夕に見ることになると恐怖を覚悟していた。原発の「建屋」という言葉を聞いただけでぞっとして恐ろしい言葉だと身震いしていた。そんな恐ろしい建屋がすぐ近くにできると思っただけでも気が滅入ってきた。

県土地開発公社と浪江町・小高町職員が原発用地買収で棚塩地区と浦尻山地区に出没していた頃、浦尻山地区に縄文時代の浦尻貝塚が発見された。もともと浦尻地区住民は漁にも出ていたし、地曳網なども行って海の恵みにあずかっている地域でもあった。その地に縄文時代の貝塚が見つかったなんてやっぱり浦尻は由緒ある地で、縄文時代から人々の生活が綿々と受け継がれて来ているのだと長い営みの歴史に感激していた。が、貝塚を発掘している人々のそばで、県土地開発公社の人達が原発の用地買収のために出没していた。

東北電力浪江・小高原発の用地は海に面した崖っぷちの150町歩を買収し、100万キロワット沸騰水型原発4炉を建設する計画だった。用地買収が始まったが、小高側浦尻地区には反対が起こらず、原発用地に入った地権者たちは自分の土地を売り、大金を手にしてどこかへ行ってしまった。浪江・小高原発用地の90％は浪江町棚塩地区だった。棚塩地区は太平洋の崖っぷちの上に広がる豊かな土地と水にも恵まれ、自然環境も良く空気もきれいで農業だけでも生活できる土地だった。それが海に面した崖っぷちの上に広がる台地というので原発用地に適していると浪江町が日本政府と東北電力に差し出した地区だった。棚塩地区も他の原発立地地域と同じように、住民は蚊帳の外に置かれて、誘致が決定したその後に住民に知らせるという原発誘致の法則通りだった。

浪江・小高原発誘致を知らされた棚塩地区・浦尻地区の住民は寝耳に水だった。すぐ原発反対同盟がつくられて、先祖から代々受け継いできた土地は売らないと団結していた。しかし原発設置予定地となった棚塩は水はけがよい豊かな土地だが、原発ができたら東北電力で働かせてやるという浪江町長の懐柔作戦にのり、また地区内で東北電力社員も住んでいたのでその人達から土地買収に応じてしまった。自分の土地を一人売り、二人売りし、また家庭内で事情を抱えていた人達も買収に応じた。1970年代の事だったが、その頃は多額納税者が新聞で発表されていた。ある時から浪江町の人達の名前が単年度の多額納税者として新聞に載ったので原発に土地を売った人達だとはっきり分かった。

1967年に浪江・小高原発建設の発表があり、1976年気象観測塔を建てると発表があって、77年完成、原発予定地内の北棚塩と浦尻地区の境界線あたりに赤と白の観測塔を見た時は卒倒しそうに動転し、「もう、だめだ」と絶望の思いに駆られた。

浪江町は浪江町長、町議会議員、役場職員、町商工会会員が原発誘致に積極的だった。そして町長は原発推進の人が選ばれ、浪江町長は原発用地が欲しくて用地の地権者を役場職員として縁故採用までしていた。浪江町役場は用地買収が簡単にできて浪江・小高原発が当然できると信じて町政を行ってきた。原発立地町に入る原発交付金や原子炉建屋の償却資産の固定資産税などをあてにして、ダムを造ったり、下水道工事に取り掛かっていた。また、商工会では売り上げ増から利益が増すと考えていて、会員企業の中には原発が来るという期待で店舗を改築したり、設備投資をしていつ原発建設が始まってもいいようにしていた。

そして原発建設お決まりの電力会社による町長・町議員・役場職員・商工会会員・有力者への接待工作も数多くあった。小高地区は用地の10％だったが、小高地区の役場・商工会にも東北電力の接待攻勢は同様だった。電力会社は商工会とは無縁の人にも観光バスで仙台周辺の観光地めぐりをして見物させていた。

また、電力会社が力を見せるのは選挙の時だ。電力会社は、町長でも町議会議員でも原発反対の候補を落とすのに一生懸命だった。そして原発推進の候補者には電気料金から捻出した総括原価方式の資金の中から豊富な選挙資金が提供され、当選させてもらった議員は電力会社のために町政を行った。

2、舛倉隆氏たちが原発に土地を売らなかった

浪江・小高原発が予定されていた棚塩地区の住民は東北電力会社員を除く全員が原発反対を掲げており「棚塩原発反対同盟」を結成して南棚塩の住民の舛倉隆さんを中心に反対運動を行っていた。舛倉氏たちは原発は危ないし、自分たちが生産している米が放射能汚染米のレッ

テルを貼られるのを危惧していた。研究熱心だった舛倉氏は孫が通っている幾世橋小学校の校庭でコバルト60が検出されたのにも心を痛め、第一原発から10キロ程離れている棚塩も放射能で汚染されているのを突き止めた。舛倉氏は第一原発が稼働してから浜通り各地で開かれた原発講演会や原発反対学者達が開いてくれる勉強会にも足しげく通い原発の知識を得ていった。その知識を自らが発行する原発反対回覧板に公表し、住民と放射能・放射線の事を学んでいった。セシウム134、セシウム137、ストロンチウム、トリチウムなどは人が一生涯で見聞きしない言葉だが、原発誘致地となり、反対する立場からは学ばなければならない事だった。舛倉氏は作業員として原発内部にも入り、巨大な建屋の中は1階から4階まで各階とも大小無数のパイプや配線、機器があって複雑に入り混じり、パイプに穴が開いていたら大事故になると恐れていた。

「棚塩原発反対同盟」は東北電力が建てた気象観測塔で入ってきた資金の使い道で分裂し、北棚塩地区の人達が土地を売却し始めた。狭い地域だったので土地を売った人は当時、高額納税者として新聞に載ったので誰が東北電力に土地を売ったかはすぐわかった。

舛倉氏たちが原発反対運動をしていた77年頃、ムラサキツユクサに放射能探知ができることが注目され、反対派の人や学者達がたくさん栽培していた。舛倉さんも京都大学の先生から一株分けてもらって自宅の庭に植えて株数を増やし、反対派の人達に分けて植えてもらって観測していた。南棚塩の舛倉氏宅の庭に植えたムラサキツユクサは、3年間待ったのち本来の青色からピンク色に変わり、第一原発から流れてくる放射性物質によって突然変異を起こし、ピンク色に変わったのだった。

原発は平常運転の時でさえも周辺環境に放射線をばらまいて住民に低線量被曝をさせているのに、放射線は出していないから安全と住民を欺いていた。舛倉氏を中心とする南棚塩反対同盟の人達も、県土地開発公社に自分の土地を1人売り、2人売りして反対派の人達も少なくなっていった。こうした中、舛倉氏はどうしたら東北電力に土地を売れないかと思案し、原子炉建設用地の中にある共同墓所や共有地に目をつけ、「これらの土地を売却する時には地権者全員の承諾がなければならない」という福島地裁いわき支部からの判決を勝ち取って 墓所や、共有地の売却を止めた。墓所や共有地が原子炉設置の場所だったから、原発の重要地が手に入らなくなった。81名の地権者全員のなかには舛倉さんと共に戦いをしてきた「土地は売らない」という地権者が25名ほど残っていてこれらの人達から土地売買の同意書を求めるのは不可能だった。

歴代浪江町長、町議会議員たち、浪江町役場職員たちが血まなこになって進めてきた原発誘致のための棚塩地区土地買収はできなくなった。それでも東北電力は原発建設をあきらめたわけではなかった。いつの日か原発建設のための用地を取得すると、未取得地を虎視眈々と狙っていた。舛倉氏たちの働きの成果は大きく、電力会社に土地を売らなければ原発は来ないというのが、全国に広がり土地を手放さない事の重要さが知れ渡った。

そして、2011年3月11日に起きた東日本大震災で福島県浜通りに林立していた第一原発、第二原発の計10炉が事故を起こした。わけても第一原発の1から4号炉は地震と津波のために大量の放射性物質を周辺環境にぶちまける過酷事故を起こした。第一原発をはさむ直径40キロは南は楢葉町から北の南相馬市原町区の一部まで警戒区域に指定され、立ち入りができなくなり、人が誰もいない死の町となった。

もし、東電第一原発から北へ10キロの所に東北電力浪江・小高原発4炉ができて運転していたら、第一原発と同じような過酷事故を起こし、第一原発と浪江・小高原発の両原発のため、原発災害は拡大し、環境に放出した放射線も大量だっただろう。しかし、舛倉隆氏たちのおかげで浪江・小高原発ができなかったために双葉郡・相馬郡の人達は今以上の被害に晒されることがなかったのだ。しかし東電第一原発の過酷事故で浪江町は町の大部分が帰還困難区域になった。小高区も全域が立入禁止の警戒区域になった。第一原発事故で1～4号炉から放射性物質が環境に放出されていた時、南東の風がふいて浪江町や小高区は風下に位置していた。第一原発過酷事故後、東北電力は被害者住民の感情を考えてと、浪江・小高原発の建設取り止めを正式発表した。そして２０１４年11月6日、近隣住民を苦しめてきた気象観測塔を撤去した。１９７６年気象観測塔建設から２０１４年11月まで38年間も住民を苦しめてきた赤色と白色の鉄塔は破壊された。

そしてその原発用地は東北電力から浪江町に寄付され棚塩工業団地となり、そこで世界最大規模の水素製造拠点「福島水素エネルギー研究フィールド」が出来た。ここでは約６８，０００枚のソーラーパネルで太陽光発電を行い、その電気を使って世界最大級の水電解装置で水素を作る。そして水素で走る燃料電池車、約５６０台を満タンにする量を一日で出来る。２０２０年7月から実証を始め本格的な製造・供給をする。水素社会の実現に向け技術開発や政府の後押しが欲しい。そして水素で発電する燃料電池が開発され、小型発電機として各家庭で使うことを望む。その時は日本国中の景観を損ねている電信柱と電柱がなくなり、どんなに良い風景が現れるだろうかと期待している。

七、浪江町請戸地区の悲劇

２０１１年3月11日の地震・津波に襲われて、その後に福島第一原発が全電源喪失を起こし、原子炉の核燃料が暴走し、過酷事故を起こした。すぐに第一原発立地・周辺住民に避難指示が出された。

しかし、大地震と大津波の直後、福島県浜通り一帯の海岸線近くに住んでいた人々に重大な地震・津波被害が発生した。地震のすぐ後に襲ってきた津波から逃げられず、波にさらわれた人もたくさんいた。しかし津波に破壊された家にかろうじて生き残った人達もいた。すぐに救助に行けば助かった命はたくさんあった。

浪江町は第一原発がある大熊町・双葉町の北隣に位置していて第一原発から約10キロの距離にあった。浪江町請戸地区は海に面していて太平洋に漁に行く請戸漁港があり、また請戸小学校もあり浪江町では大きな行政区だった。

大震災発生の時、大地震と大津波が襲い請戸地区も壊滅的被害をうけ、住民の中でも逃げ切れず、犠牲になった人や助けを求めていた人がたくさんいた。地元紙によると3月11日、大津波が去った後、消防団員たちは救助を始めた。が、すぐ夕方になり当地では3月は夕方5時半頃から暗くなり始め、請戸地区に入った消防団員は津波がれきの中でけがをして助けを求めているうめき声をあちこちから聞いて、「今は暗いので明日助けに来よう」として戻って準備をしていた。

ところが第一原発の過酷事故により、原発から6キロ位離れている請戸地区は3月12日から立ち入り禁止になり津波被害場所に行けなくなった。助けに行くと準備していた消防団員たちの嘆きはどんなものだっただろうか？　津波被害者は助けを待っているのに何日も助けに来てくれない、なぜ来ないのかとどんな気持ちで待っていただろうか？　すぐ助けに行くものと思っていた私達避難住民はいつ行くか、いつ行くかとやきもきしながら救出の知らせを待っていた。しかし、結局政府は救助隊を出さず、取り残された住民を見殺しにした。約40日後に救出された時には亡くなっていて死因は餓死だと診断された。消防団員がうめき声を聞いたあたりから多数のご遺体が見つかった。

原発事故のすぐ後で、政府と文科省はＳＰＥＥＤＩを使って放射線量を計っていたが、その線量を福島県庁は無視して海沿いの被害自治体には知らせなかった。

ＳＰＥＥＤＩの数値で請戸、棚塩、浦尻などの太平洋岸は線量が低かったので3月12日に津波被害者を助けに行こうとすれば行けた所だった。どうしてこのような時にＳＰＥＥＤＩを使って線量を計りながら人海戦術で救助できなかったのかと政府・行政の判断を正したい。

原発での全電源喪失は起きないからそれに備えなくてもいいとしていた日本の原子力行政ではまた、地震、津波による複合の原発過酷事故は考えていなかった。原発複合災害が起こり、どういう手順で住民を助けるか考えてこなかった政府は津波被害者を見捨てることしかできなかった。

津波被災者で取り残されて助けを待っていても3月12日の避難指示により、助けられなくて見殺しにされた住民は警戒区域になった南相馬市原町区と小高区、浪江町、双葉町、大熊町、富岡町などにいた。ご遺族、関係者は「原発さえなかったら」と悔やんだ。第一原発事故に殺された住民たちが存在した。原発は安全と言って双葉郡に受け入れさせた日本政府は、複合災害で過酷事故が起きた時、助けなければならないのに、助けなかったのは原発で事故は起こらないとしてきたので、助けを求めている住民を助ける方策を持っていなかった。線量を計りながら、救助要員を交代させながら救助するべきだった。住民の命を守ってこそ町長の責務としていた浪江町長始め関係者の嘆きは、大きかった。原発立地周辺の住民は棄民として扱われ、その理由は立ち入り禁止区域になったから立ち入れなかった、実際は線量は低かったのに原発の放射能で立ち入れなかった、助けには行かなかったのだから、事故対策は大きな判断ミスをしてしまった。

富岡町でもこたつの中で衰弱死した足が悪かった女性がいた。双葉町でも救出されず餓死した男性がいた。請戸の大平山霊園に行くと、助けを待っていたのに来てくれなかったと嘆いている死者の魂の声が聞こえる。原発の危険性を過小評価して推進してきた自民党の代表である安倍晋三首相が、お墓の前で済まなかったと手を合わせて頂きたい。２０２０年の今でも「なぜ、政府と東京電力は救出に行かなかったのか」と強い憤りと無念を覚える。棄民とされた人達だ。

また、東京電力の被害者のご遺族に対する賠償も小さいもので、誠意のないものだ。東京電力が「原発は安全」と立地・周辺住民にうそをついてきて、いざ事故が起こったら津波で被害を受け、助けに来てもらえなくて餓死した被害者ご遺族に冷たい仕打ちをしていた。これは過疎地の貧しい人々だからと犠牲者とご遺族を軽んじたことだ。ご遺族たちは原発事故の裁判外調停ＡＤＲに委ねたが、賠償額の調停に応じたのも「ＡＤＲ調停の人達が自分たちの話を聞いてくれたから」と言っていた。原発事故で餓死者が出るなどはあってはならないことが起こっていた。

政府は今、停止している原発を再稼働させるのにやっきになっている。が、地震、津波の自然災害で原発事故が起こり立ち入り禁止になり、その立ち入り禁止区域に取り残され、助けを待っている人をどう助けに行くかをきちんと政府・立地・周辺自治体は具体的な対策を立てるべきなのだ。

津波で破壊された家屋だから、その時には重機が何台も必要で、人海戦術も必要だろう。

八、原子力発電は差別の代物

東電福島第一原発、第二原発は地元福島県民が使う電気を作っていたのではなく、遠く250キロも離れた東京電力管内の首都圏住民が使う電気を作っていた。電気を使う人の近くで発電するのが火力発電所だが、原子力発電所はウランの原子核を分裂させ膨大な熱を発生させて発電する異次元の危険な発電で、過酷事故が起きたら高い放射線量のため人の手では止めることができない制御不能になる発電なので過疎地に造る。

チェルノブイリ原発事故やフクシマ事故のように核エネルギーが暴走したら制御する技を人間は持っていない。暴走した核エネルギーが出す死の灰は環境に放出され海、大地、空気を汚染する。その上、原発が造られた当初から運転で出た使用済み核燃料をどう処理するかの技術もないまま運転を続けてきた。

核エネルギーは核兵器の時は殺傷効果を上げるため軍事施設の集まる場所に投下すると言われたが、平和利用と称する原発は人が住んでいないかあるいは人口が少ない過疎地に造る。核エネルギーは兵器と原発の2つにしか使えないが、原発は一度事故を起こしたら環境に放射性物質の死の灰を大量に放出し環境汚染は百年単位で続く。これが平和利用といえるだろうか？

原発は膨大な熱エネルギーを作りそのエネルギーの3分の2を海に捨てて海を汚している。原発は過疎地に造っているが本来は人口密集地に造り、捨てている3分の2の熱を暖房や給湯に使えば効率がいいのだが、危険なものだからと人口密集地に造らないで過疎地に造って運転している。

福島県双葉郡に林立していた東京電力原発は第一と第二の計10機がともに通常運転の時も立地・周辺住民に放射線被曝にさらしてきた。都会の人達には被曝させられないが、過疎地の住民は被曝させてもいいと差別してきた。その上、双葉地方には双葉断層があり、1938年の塩屋埼沖地震も発生しており2010年ころはその地震から70年以上も経っていたので、いつ地震・津波の災害が発生して原発に何かの事故が起こるかという恐怖とともに生活してきた。また、チリ地震津波で引き波も目撃した。

このような地震多発地帯に10機もの原発があった。地元住民が地震・津波対策をしてほしいと懇願したが政府と東電は無視した。地震・津波対策を講じてこなかった原発が原子力の平和利用と言えるのだろうか？　立地・周辺住民を放射線被曝で苦しめてきた原発は電力会社の利益追求には有効だが、発電中も環境に放射性物質を放出し住民を被曝させ、また運転に従事する原発作業員は被曝線量が高くなったら使い捨てと知らん顔を通して来た。

1950年代、日本でも外国から原発を買ってきて国内に設置しようとした時、設置場所はどこかとなった。その場所は、1・「水が命」の原発なので海から水を使える場所、2・人が住んでいない所、或いは住んでいても少人数の場所が適しているとされてきた。原発は危険なので事故が起きたら被害を小さくするためだ。そのような一方的な理由で過疎地は大都市の電力供給のために利用され、原発から放出される放射能の危険にも晒されてきた。

一方、首都圏の大都会では原発立地・周辺地域の住民の不安と苦しみを知らず電気をどんどん使って豊かな暮らしをしている。が、その電気が双葉郡や相馬郡の過疎地の弱みに付け込んで「金あげるから」「原発で働かせてやるから」「原発で地域振興をする」という甘言と「原発は安全です」という嘘で騙して原発のような危険で異次元の発電を受け入れさせて来たからこそ電気をたくさん使えるのだ。首都圏の人は福島第一原発は地元が誘致したものとしているが事実は違う。福島県にある原発は福島県庁と地元選出の国会議員たちと町長と町議会が原発の危険を知らなくて、政府と東京電力の甘言に騙されて誘致したものだ。また、福島県庁の幹部や誘致自治体の幹部は東電はじめ原子力関連企業から多くの金品をもらっていた。金まみれの原発は福井県だけではない。福島県にある原発も金まみれのものだ。

日本の原発立地を見ても立地地域は貧しい過疎の町や村でかつ海に面している。核関連施設も青森県六ケ所村やむつ市のようにかっては貧しかった過疎地にある。政府の原発政策を受け入れたらお金をたくさん上げるよという甘言に乗った地域である。また、原子炉内で大量に被ばくする危険な作業をするのは孫請け、ひ孫受けといった小さな会社に雇われている作業員で、電力会社の役員や社員は原発から遠く離れた安全な場所で業務をしている。

原発のゴミも過疎地に押し付けようとしている。日本は何が何でも外国から原発を買ってきて、しかも危険な原発にコストをかけず、一日も早く原発を運転するのを主眼としてきたので、運転した後に出る使用済み核燃料や高レベル放射性廃棄物をどうするかは先延ばしにして考えて来なかった。が、第一原発事故後、核のゴミがにわかに注目の的になり2002年設立のNUMO《ニューモ》原子力発電環境整備機構が核のゴミをどこで処分するかの方法を2016年中に発表するとしていたが、国民に公開しないでこそこそやっている。2017年7月末に公表した。NUMOは電気事業連合会（電事連）が核のゴミを処分するために作った組織だが、その名前には核のゴミの言葉がなく「原子力発電環境整備機構」から核のゴミを処分する組織だとすぐにわかるだろうか？

第一原発事故で核のゴミ問題が噴出し、NUMOが急いで核廃棄物処分の有望地を知らせるとしているが、過疎地の人々の土地で迷惑物の核のゴミを処分するのではなく、核のゴミを出さないよう原発をやめることだ。

1950年代政府は原発を始めるに際して核のゴミは東京から900キロ離れている小笠原諸島あたりの同心円の海に捨てようとしていた。こうした動きに国際社会が反応し、ロンドン条約が締結され、核のゴミは出した国が処理することになった。日本でも70年代から各地原発の運転が始まって使用済み核燃料が増えてきた。この時は各電力会社社長会が、使用済み核燃料をイギリスに再処理委託することを決め、再処理はフランスでもして回収プルトニウムが日本に送られてきた。

２０１９年でも46トンものプルトニウムがあり、プルトニウムを貯めないという世界との約束違反で世界各国から糾弾されている。前の原子力委員会委員長の近藤駿介氏がＮＵＭＯの責任者となって核のゴミ問題に対処している。近藤氏は「次の世代のために核ゴミの処分地や処分方法を決める」と言っているが、10万年も地層処分する処分地や有望地と決められた地域の人達や子孫はどう思うだろうか？　次世代のために処分地を決めるのではなく、ドイツや台湾のように次世代の人達のために核ゴミを出す原発をやめますというのが、福島の悲劇を繰り返さない懸命な最終選択だろう。

過酷事故を起こした第一原発は事故から9年経ても福島県民を苦しめている。汚染土壌は大熊町と双葉町にできた中間貯蔵施設に運び込まれている。地元の私たちは大熊町と双葉町が中間貯蔵施設を受け入れたことで政府から多額の資金を貰ったことを知っている。そして中間貯蔵施設の中に入った住民の住家は撤去されている。中間貯蔵施設は住民の犠牲の上にあるものだ。その近隣の町村では汚染土壌を運ぶダンプカーの絶え間のない往来に悩まされている。運ぶ汚染土壌は1立方メートルの袋で14，000万個、比較するとこれの1・5倍の21，000万個の土壌が日本政府が強行している沖縄県辺野古の海に埋め立てられている。

汚染土壌の他にも汚染水問題もある。使用済み核燃料や溶け落ちた核燃料デブリに触れた後の水が汚染水だが放射性物質の多核種が含まれている。この汚染水を多核種除去設備のアルプスを通して浄化した後の処理水を第一原発がある海に流そうとしている。その量は2020年4月時点で120万トン、タンク1，000基以上に達している。東電や原子力規制委員会はアルプスで浄化した後の水を希釈してそのまま海に流すとしてきたが、2018年8月に処理水放出についての市民公聴会が開かれたが、その直前に東電が「実は処理水には半減期が数万年のヨウ素129やルテニウムが浄化されないで残っている」と発表した。公聴会は福島県富岡町、郡山市、東京都の3か所で開かれたが、3か所ともども市民の意見は海洋放出反対だった。

2020年2月に経産省の汚染処理水に関する小委員会の結論は「海洋放出がより確実に実施できる」として市民の意見を無視した意見を出した。それを受けて東電は福島県沖への海洋放出を年間22兆から100兆ベクレルで30年かけ放出する拡散シミュレーションを示した。私たち、南相馬市民の「海に汚染処理水を流させない市民の会」では30年間洋上保管を主張している。洋上保管はタンカー（船）による洋上での30年保管だからトリチウムの毒が4分の1

まで減る。洋上保管も原発のコストだが、事故を起こして廃炉になった原発は利益が見込めないからと政府と東電が資金をかけない海洋放出を主張していて30年洋上保管を無視し続けている。しかし海洋投棄は再び福島の海を汚すことになり認めることはできない。また洋上保管ができないなら政府と東電は双葉町側に作る予定だった7、8号機の敷地を利用して、30年間地上保管することや、中間貯蔵施設の土地などを活用すべきだと「市民の会」のメンバーとともに提案したい。

誰もいない小高川の土手に咲く桜

参考文献一覧

『FUKUSHIMA――福島原発メルトダウン』 広瀬 隆（朝日新書）
『原子炉時限爆弾――大地震におびえる日本列島』 広瀬 隆（ダイヤモンド社）
『原発の闇を暴く』 広瀬 隆・明石昇二郎（集英社新書）
『福島原発事故――どうする日本の原発政策』 安斎育郎（かもがわ出版）
『フクシマから学ぶ原発・放射能』 安斎育郎（かもがわ出版）
『原発事故の理科・社会』 安斎育郎（新日本出版社）
『ハンドブック原発事故と放射能』 山口幸夫（岩波ジュニア新書）
『日本の原発危険地帯』 鎌田 慧（青志社）
『福島と原発――誘致から大震災への五十年』 福島民報社編集局（早稲田大学出版部）
『原発のウソ』 小出裕章（扶桑社新書）
『図解 原発のウソ』 小出裕章（扶桑社）
『原子力の社会史』 吉岡 斉（朝日新聞出版）
『脱原子力国家への道』 吉岡 斉（岩波書店）

『原発メルトダウンへの道――原子力政策研究会100時間の証言』NHK ETV特集取材班（新潮社）
『原発労働者の叫び』平井憲夫
『原発にしがみつく人びとの群れ――原発利益共同体の秘密に迫る』小松公生（新日本出版社）
『「科学の目」で原発災害を考える』不破哲三（日本共産党中央委員会出版局）
『原発に子孫の命は売れない――原発ができなかったフクシマ浪江町』恩田勝亘（七つ森書館）
『福島原子力帝国――原子力マフィアは二度嗤う』恩田勝亘（七つ森書館）
『原発事故はなぜくりかえすのか』高木仁三郎（岩波新書）
『朽ちていった命――被曝治療83日間の記録』NHK「東海村臨界事故」取材班（新潮文庫）
『原発のコスト――エネルギー転換への視点』大島堅一（岩波新書）
『東海村・村長の「脱原発」論』村上達也・神保哲生（集英社新書）
『アメリカは日本の原子力政策をどうみているか』鈴木達治郎・猿田佐世（岩波ブックレット）
詩集『渚の午後――ふくしま浜通りから』みうらひろこ（コールサック社）
詩集『ふらここの涙――九年目のふくしま浜通り』みうらひろこ（コールサック社）
『福島原発難民――南相馬市・一詩人の警告　1971年～2011年』若松丈太郎（コールサック社）
『福島核災棄民――町がメルトダウンしてしまった』若松丈太郎（コールサック社）
『若松丈太郎詩選集一三〇篇』若松丈太郎（コールサック社）

解説　原発事故後に「小さな命」に手を差し伸べる人びと

吉田美恵子『原発事故と小さな命――福島浜通りの犬・猫救済活動』に寄せて

鈴木比佐雄

東日本大震災の時に、吉田美恵子さんは南相馬市小高駅近くの自宅で塾を開き算数などを教えていた。家猫12匹だけでなく外猫にも餌を与えていた愛猫家だった。親しくなった外猫には避妊手術をして猫が増えないように地域の環境にも配慮していた。東日本大震災が起こり南相馬市の小高駅周辺は海岸から4キロ近くも離れていたにもかかわらず、津波は小高川を逆流し押し寄せてきた。その小高川流域の家々は壊滅的な被害を被ったが、幸運にも常磐線小高駅の線路付近で津波は止まったそうで、線路の反対側の小高商店街までは津波は到達しないで、吉田さんの住まいもかろうじて助かった。本書は世界史に残る東日本大震災・東電福島第一原発事故に遭遇し、原発事故現場から約17㎞の南相馬市小高区にいた吉田美恵子さんが、第一章でこの9年を超える福島浜通りの犬・猫救済活動の実践を記録し、第二章でなぜ原発神話が作られて福島に10基もの原発が作られて原発の悲劇を引き起こしたかを歴史的に書き記したものである。

第一章「原発事故と小さな命――福島浜通りの犬・猫救済活動」は、冒頭に浪江町の詩人のみうらひろこ氏の詩「遺言（被災地の牛）」を引用して、牛舎で餓死や安楽死させられたり、野生化した牛たちの放射線に侵された遺伝子を役立ててくれという牛の思いに共感を寄せている。そのような放射性物質を恐れた人間たちが置いていった動物に対して、吉田氏は「犬・猫救済活動」のきっかけになった当時の事を次のように記している。

《東日本大震災と原発事故で人間も犠牲になり大きな被害が出たが、人間よりも弱い立場の動物たちの運命はもっと悲惨だった。原発事故で原発から半径20キロ圏内（直径40キロ）は避難指示が出て、人間はすぐいなくなった。南相馬市小高区では3月12日夕方6時頃避難指示が出て、人がいなくなったので周りは死の町になった。住民は東電から原発は安全だと言い聞かされて来たので、逃げる術を持っていなく、また避難訓練もしていなく、原発から半径20キロ圏内（直径40キロ）は全員避難と指示されて混乱があった。人間だけ逃げるのに精一杯で動物たちのことまで頭が回らなかった。／当時、私は12匹の猫を飼っていたので、すぐに避難はできなかった。避妊手術済みの外猫にもえさをあげていたので世話していた猫はもっといた。（略）また、自宅近くの懇意にしている家の前を通ったら、入口の透明ガラスから飼い猫1匹が外を見ていた。びっくりして入れるところがないか探したらあったので、そこから入って３kgのえさを袋ごと置いてきた。水は室内にタンクがあって飲んでみたら水だったので洗面器に移して飲ませた。後でその家の人は誰が入って猫にえさと水をあげたのかと不思議がっていたが、私が猫の世話をしていたと言ったら納得してくれた。／私も誰もいない死の町になった小高区にいるのが苦しくなって、3月13日、一度は捕まえられた6匹を連れて南相馬市鹿島区の万葉会館に避難した。6匹の猫たちにケージが一つあったのでケージに1匹を入れ、後の5匹の猫達は洗濯ネットに入れて連れて行った》

吉田さんの精神の在り方は「人間よりも弱い立場の動物たちの運命はもっと悲惨だった」という良心の痛みを動物たちに感じていることだ。今まで愛情を注いでいた動物たちは家族であり、その命を救いたいという動物たちへの愛情が人一倍強いことが理解できる。そのために何ができるかを吉田氏は試行錯誤し支援者たちの協力を得てその輪を広げながら、次のように数多くの動物の命を救ってきた。

《2011年6月頃に自宅をえさ場として使わせてもらっている、小高区吉名の飼い主さんから、2匹の猫を残して来たので、保護してほしいと依頼がありさっそくその場に捕獲器を仕掛けてそれから2、3時間給餌をしてきた。その後、捕獲器の所に戻ったら猫が入っていた。／そして飼い主さんから預かった写真と見比べたら、鼻筋の特徴が似ていたので捕獲器ごと猫を持ち帰って、飼い主さんに見て貰ったら飼い主さんが手で顔を覆って泣いていた。心配していた猫が帰ってきて嬉しかったのだろう、こちらももらい泣きして「よかったね」と背中をさすっていた。》

このように行政ではできないことを吉田さんは無償で、時には警戒区域に様々な方法で入り込み動物たちと飼い主たちとの懸け橋となって活動を続けてきた。見捨てられた動物たちには餌場を作り餌を定期的に与え続けてきた。そのやむにやまれぬ行為は飼い主を待ち続けている小さな命の切なさに深い同情を感じているからだろう。私はその行為はとても尊いことだと痛感する。そのような吉田さんの情熱を応援する人びとの輪もインターネットでの「えさ寄付金支援」の広がり、また三春町でシェルターを運営していた方からは現場に相応しい次のようなえさ箱の提供もあった。

《そうこうしているうち2012年12月頃、三春町でシェルターを運営していたにゃんだーガードの本多明隊長が、郡山市にある郡山北工業高校に依頼して、猫のえさ箱を作ってもらっていた。そのえさ箱はえさを食べる所があって、食べた分だけ上からえさが降りてくるものだった。／えさ箱はコンパネで作られておりそれ自体が重い物だが、小高区では60か所のえさ場の内、重要なえさ場の50か所にそのえさ箱を置いた。にゃんだーからえさ箱とえさを運んでくるのに私の軽自動車に数個つけてきたり、東京からきたボランティアさんが運んでくれた。／にゃんだーガードは三春町にシェルターを構え、犬・猫救済の前線基地として全国からえさが届いていた。当方もえさがなくなった時、にゃんだーの所に行ってもらって来たが、10回位はもらってきてとても助かった。／にゃんだーえさ箱は重いのだが、えさ場に設置するとなると野生動物対策が必要だった。》

このようにシェルターを運営しているにゃんだーガードの本多明隊長、郡山北工業高校の教師や生徒たち、全国から餌を支援してくれる人びとなどの協力があり、吉田さんの60箇所の餌場が可能になったことが分かる。吉田さんのようなペットだった動物たちに対する良心の痛みを感ずる人びとである本多明隊長、猫のえさ箱を作った高校の関係者、全国の餌を送り続ける人びとの輪が広がっていったことは、原発事故後の人びとが生き残るだけでも精一杯の情況の中で、忘れてはならない救いのような出来事だった。

また次のような動物たちの避妊手術に尽力した遠藤文枝医師やYさんのことに次のように触れている。

《2012年、神戸市にあるアニマルレスキューシステム基金の山崎ひろさんが、福島県白河市に月2〜3回、犬・猫病院を開いて避妊手術を行うことになった。／病院の名はスペイクリニックでスペイとは避妊という意味だ。獣医師は静岡県伊豆の国市の遠藤文枝先生で、呼びかけに応じた愛護の人達が犬・猫を捕まえてきて、スペイクリニックで避妊手術を受け、もといた所に戻すTNRを主におこなっていた。／TNRのTは犬・猫を捕まえる「Trap」で、Nは中性化する、避妊手術を施す「Neutral」で、Rは手術後、もといた所に戻す「Return」だ。こうして繁殖力の強い猫を、子を産まない一生涯一匹の猫として世話して、不幸な猫を増やさないというのがTNRだ。／スペイクリニックでは遠藤先生が、一日約40匹を目標に手術していただき、小高区では熱心な愛護の人（Yさん）が猫を捕まえてくれて、約300匹の猫に手術して、ノミ・ダニの薬をつけて、もと居た場所に放した。》

このような「不幸な猫を増やさない」という考えTNRに基づいた活動もまた、動物たちにとっても帰還した地域住民のことも考えると現実的な行為だったろう。様々な意見はあろうが、吉田さんや遠藤医師や動物愛護のYさんたちなどの行為は、高く評価されなければならないことだと考えられる。

２０１６年から始まった避難解除により小高地区の１３，０００人のうち３，０００人が帰還し、今は３，７５０人になったという。現在は60箱あったえさ箱はその使命を終えて10箱に減っている。吉田さんは今までの活動での同志の人びとを次のように書き記している。

《千葉県の男性は２０１３年から２０１７年冬位まで4年半も、隔週で千葉県から片道5時間半かけて原発被害地に来て、猫たちに給餌してくれた。猫たちが可愛いという一念からだ。小高区も給餌して貰っていた。千葉県の男性は原発被害地の楢葉町でえさを積んで双葉郡と小高区まで給餌していた。／私の知っている限り、原発事故被災地で動物救済をしてくれたのは、東京の愛護団体の人達、犬・猫を可愛いと思っている人たちだった。東京方面の人達は片道5時間以上もかけて双葉・相馬に来て、犬・猫救済をやっていた。／地元では自宅を犬・猫のシェルターとして、保護して世話してくれている浪江町の赤間徹さん、浪江町の「希望の牧場」の吉澤正巳さん、被災牛を世話してくれた富岡町の松村直登さんなどが、力を惜しまず献身的に動物救済に尽くしてくれた。》

テレビでは犬・猫などの動物番組がよく放映され、書店に行くと犬・猫に関する本があふれ、多くの人びとが自分の犬・猫に癒されている。しかし原発事故や天変地異の際に、他人のペットだった動物たちが置いてきぼりになった時に、何ができるだろうかと自問してみる。いま挙げられた人びとのような他人のペットを支援する行為を私たちはすることができるだろうか、そのような動物に愛情を注ぐことができるだろうか。私はそのような実践的な人びとを英雄的な人びとだと褒めたたえ、高く評価したい。

第二章「原発神話と浪江町請戸地区の悲劇」は南相馬市の詩人若松丈太郎氏の詩「神隠しされた街」が冒頭に引用されている。この詩は原発事故を予言した詩だと言われ、アーサー・ビナード氏など多くの人びとから高く評価されている。また若松氏は東電福島原発の危険性をエッセイ・論説に書き記してきた。そんな若松氏からの紹介で吉田氏と私は知り合うことになった。吉田氏は若松さんに影響を受けて論理的に原発の歴史を辿ってみようと考えたのだろう。そして原発について地域住民が本当はどのように考えていたかと、原発に関する数多くの書物を読み学びながら、原発の歴史と立地住民の人権や生存権を脅かす原発行政の危うさを書き記そう試みている。例えば「一、古老の予言と五重の壁神話」では、「海の近くに来る工場は海に悪い物を流すためにやって来るに違いない。だからろくなものはない」という古老の言葉を引用し、原発への恐怖を無視して推進していく行政・東電の在り方の問題点を抉り出している。このような地域住民の恐怖感に基づく第二章の論考は東電福島原発が引き起こした悲劇の歴史を辿りたい方にはとても貴重な資料となるだろう。

吉田さんは第一章の後半に次のように今の思いを記している。《原発事故から9年間、全国の皆様からご支援を頂いて猫助けを続けることができている。しかし、猫助けはまだまだ続けたい。猫は車の音を聞き分けられる。私がえさ場に行くと車の音で近づいて来る。えさ場の猫達は9年間も世話して来たのだから、生きている限り世話するつもりだ。》

吉田さんは福島浜通りの犬・猫救済活動がライフワークだと淡々と語り「生きている限り世話するつもりだ」という言葉を残している。この言葉を「小さな命」である犬・猫を愛する多くの人びとに読んでもらいたいと願っている。

あとがき

2011年3月、東日本大震災と東京電力福島第一原子力発電所で原発過酷事故が起きた。東電福島第一原発の半径20キロ（直径40キロ）の9市町村に避難指示が出され住民が誰もいない死の町になった。原発を挟む直径40キロ圏は広大な地域に人がいなくなり、しかし犬・猫を含む動物たちは人がいない被災地に取り残された。人がいない地域に動物を置き去りにするなんて私には衝撃だった。それは動物たちに死ねと言っていることだ。

そういう無慈悲なことはできないと私は原発事故直後から南相馬市小高区に取り残された犬・猫救済を始めた。初期の頃は犬・猫を保護して預かって貰っていたが、それも一杯になり次は犬や猫に長く生きてもらうために給餌を始めた。給餌する場所は小高区の60件の飼い主さんの納屋・物置・小屋など雨の当たらない場所を借りてえさ場を作った。60件のえさ場にはボランティアの人達と3班に分かれて給餌に行った。人がいない場所のえさ場なので野生動物に荒らされないようにとえさ箱を工夫して猫だけが食べられるようにした。そしてえさと寄付金はインターネットブログで全国の皆様にお願いして支援して頂いた。えさはたくさん必要だったが、毎回全国の支援者からたくさん送って貰っていた。私も車の後部座席を倒してえさと水がたくさん積めるようにしていた。

給餌には東京方面から片道5時間半もかけて手伝いに来てくれたボランティアの人達がいた。4年半も来てくれた男性もいた。ボランティアの人達はえさ箱を工夫したり、えさ箱を設置したりするちから仕事をしてくれた。今でも感謝の気持ちでいる。

給餌は毎週行っていた。小高区は立ち入り禁止区域だったのでえさと水をたくさん積んで中に入って警察官にも何度も捕まって顔を覚えられていた。給餌の日は朝早く出るのだが、警察車両が来て警官に見つかってしまった。しかし、車のえさを見た警官が見逃してくれた。

原発事故で動物がどんな悲惨なめにあわされたか記録に残して全国の皆さんに知って貰いたくて本書を書いた。本書はボランティアの方々やえさ・寄付金で支援して頂いた皆さんのおかげでできた。また、南相馬市原町区の若松丈太郎先生と浪江町のみうらひろこさんの詩を載せて頂いて感謝している。鈴木比佐雄さんには「解説」を執筆していただいた。鈴木さんのアドバイスと教示がなければ本書は出来上がらなかった。

私は現在も猫救済をやっていて、一方小高に帰還した人の自宅で猫を世話して貰っている。またえさ場の猫を保護して自宅で飼っている。

第二章は小学生の時から東電福島原発に苦しめられてきたことを書いた。過疎地に設置される原発の恐ろしさを知って頂きたい。

お世話になった皆様に感謝申し上げる。

吉田美恵子

著者略歴

吉田美恵子（よしだ　みえこ）

1950年　福島県南相馬市小高区（旧相馬郡小高町）生まれ
立教大学文学部卒、米国公認会計士
小高区の自宅で小学生に算数を教えていた
東日本大震災後に犬・猫救済活動を浜通りで開始し現在に至る
支援者たちが「南相馬の猫おばさんを応援する会のブログ」を開設し継続中
南相馬市小高区に在住
Email : sekata31@gmail.com

石炭袋

吉田美恵子
『原発事故と小さな命――福島浜通りの犬・猫救済活動』

2020 年 8 月 23 日初版発行
著　者　　　　吉田美恵子
編集・発行者　鈴木比佐雄
発行所　　　　株式会社コールサック社

〒 173-0004　東京都板橋区板橋 2-63-4-209 号室
電話　03-5944-3258　FAX　03-5944-3238
suzuki@coal-sack.com　http://www.coal-sack.com
郵便振替　　00180-4-741802
印刷管理　株式会社コールサック社　制作部

写真提供　吉田美恵子　　　　　　装丁　奥川はるみ

ISBN978-4-86435-448-6　C1095　￥1500E
落丁本・乱丁本はお取り替えいたします。